速効！ポケットマニュアル
Sokko! Pocket Manual

PowerPoint
パワーポイント
2019 & 2016 & 2013

基本ワザ & 仕事ワザ

マイナビ

本書の使い方

◎ 1項目1～2ページで、みんなが必ずつまづくポイントを解説。
◎ **タイトル**を読めば、具体的にどう便利かがわかる。
◎ **操作手順**だけを読めばササッと操作できる。
◎ もっと知りたい方へ、**補足説明**と**コラム**で詳しく説明。

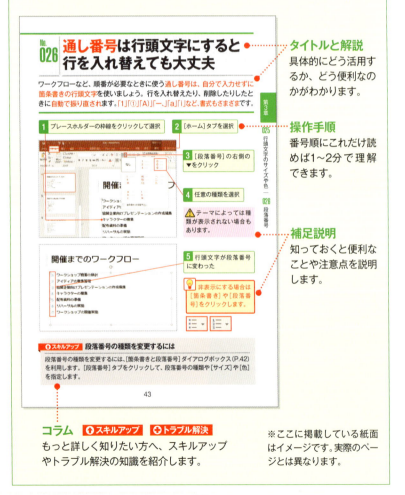

タイトルと解説
具体的にどう活用するか、どう便利なのかがわかります。

操作手順
番号順にこれだけ読めば1～2分で理解できます。

補足説明
知っておくと便利なことや注意点を説明します。

コラム ❶スキルアップ ❶トラブル解決
もっと詳しく知りたい方へ、スキルアップやトラブル解決の知識を紹介します。

※ここに掲載している紙面はイメージです。実際のページとは異なります。

サンプルデータのダウンロード

URL: https://book.mynavi.jp/supportsite/detail/9784839968571.html

※以下の手順通りにブラウザーのアドレスバーに入力してください。

Windows 10の場合

1 ブラウザー（ここではMicrosoft Edge）を起動

2 ここをクリックして上記URLを入力し、Enterキーを押す

3 画面をスクロールし、「○章のダウンロードはこちら」のリンクをクリック

4 [保存]をクリック

5 ダウンロードが終了したら[開く]をクリック

6 フォルダーウインドウが開くので、ファイルをクリック

7 展開したい場所（ここでは[デスクトップ]）をクリックすると展開が始まる

8 ファイルが展開された。ダブルクリックすると、

9 章ごとに分かれたサンプルデータが表示される

※次ページの下の2つのコラムもお読みください

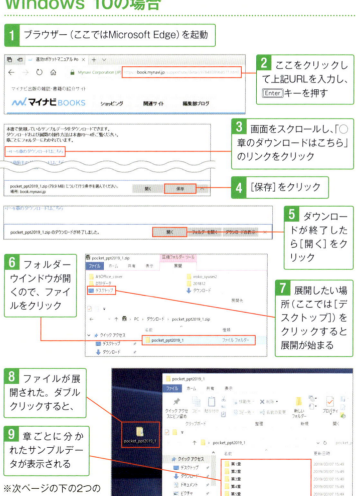

Windows 8.1/8/7の場合

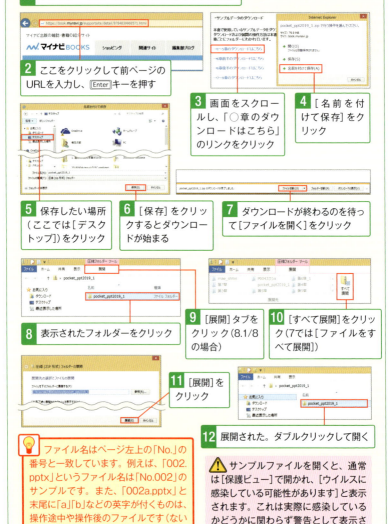

速効! ポケットマニュアル
Sokkō! Pocket Manual

PowerPoint（パワーポイント） 基本ワザ & 仕事ワザ
2019 & 2016 & 2013
CONTENTS ◎目次

本書の使い方 ……………………………………………… 002
サンプルデータのダウンロード …………………………… 003

第1章
まずはコレだけ！ 必須操作 …………………………… 013

- No.001 覚えておけば操作がスムーズ！ PowerPointの画面構成 ……… 014
- No.002 PowerPointでできる3つのこと …………………………… 016
- No.003 プレゼンの流れをつかむには[スライド一覧]が便利 ………… 017
- No.004 対面でパソコンを覗きながらのプレゼンには[閲覧表示]モード … 018
- No.005 スライドショーの実行・中止は意外とアセる ………………… 019
- No.006 発表の原稿はどこに書くのがベスト？ ……………………… 020
- No.007 プレゼン作成のための最初の1歩 …………………………… 021
- No.008 特定のスライドを一瞬で選択するワザ ……………………… 022
- No.009 プレースホルダーって何？ どう使うの？ ………………… 023
- No.010 スライドマスターを使わないと二度手間三度手間 …………… 024

第2章
プレゼン作成はスライド操作がキモ ………………… 025

- No.011 1クリックで新しいスライドを追加するには ………………… 026
- No.012 スライドのレイアウトは標準で11種類も！ ………………… 027
- No.013 レイアウトの変更は内容に応じて臨機応変に ………………… 028

No.014	レイアウトがぐちゃぐちゃに！いっそ最初から…	029
No.015	スライドの移動はスライドの流れに合わせて	030
No.016	似たようなスライド作成はコピーが効率的	031
No.017	あのスライドを使いたい！別のプレゼンからの追加	032
No.018	意外と知らない超ベンリなサンプルスライド	033

第3章
入力と編集で役立つ圧倒的な効率ワザ … 035

No.019	タイトルはセンター揃え、長文は両端揃えが見やすい	036
No.020	縦書きはタイムスケジュールやワークフローに大活躍！	037
No.021	箇条書きの階層を自由自在に操る	038
No.022	箇条書きの行頭文字は「●」だけじゃない！記号もOK	039
No.023	プレゼンの雰囲気に合わせて行頭文字に絵文字はいかが？	040
No.024	段落が増えると勝手にフォントが小さくなるのはヤメテ〜！	041
No.025	行頭文字のサイズや色を変更するワザ	042
No.026	通し番号は行頭文字にすると行を入れ替えても大丈夫	043
No.027	2つのプレースホルダーを連番にするテク	044
No.028	行の途中で文字位置を揃えたい	045
No.029	段落の前後は行間隔を空けぎみが見やすい	046
No.030	書式の全変更はプレースホルダーを選択するのがコツ	047
No.031	強調したい単語は一部の文字の書式変更で目立たせる	048
No.032	キーワードは書式のコピーで瞬時に強調	049
No.033	書体やスタイルをまとめてササッと設定したい	050
No.034	テキストがあふれた！自動で2枚のスライドに分けよう	051
No.035	多くの行を1枚に収めるには段組みも効果的	052
No.036	プレースホルダーの位置は微調整してもOK	053

No.		ページ
No.037	スライドの**好きな位置に文字を入力**するには	054
No.038	構成を作るには「**アウトライン**」が便利	055
No.039	**アウトラインで階層**をすばやく変更したい	056
No.040	プレゼンの**原稿を書いておく**専用の場所がある	057
No.041	ノートペインにも**書式付きの文字や図形を挿入**できる	058

第4章
センス不要！ スライドデザインのルール … 059

No.		ページ
No.042	スライドを**グループ分けして管理**したい	060
No.043	**デザイン**はカンタンにレベルアップできる	061
No.044	**このスライドだけ**は違うテーマを設定したい	062
No.045	背景が濃すぎる…**バリエーション**の活用	063
No.046	このスライド、**モノクロ**印刷したらどうなる？	064
No.047	**図形の枠線や塗りつぶしだけ**って変更できるの？	065
No.048	スライドの**フォント**はプレゼンの主題に合わせて	066
No.049	スライドの**背景色**はやっぱり白がいい!?	067
No.050	背景に色をつけるなら**グラデーション**がベスト	068
No.051	タイトルスライドの**背景に画像**を入れたら効果的	069
No.052	**スライド番号**を入れておくと万一のときに役立つ	070
No.053	タイトルスライドには**番号は入れたくない**！	071
No.054	**フッターやスライド番号**の位置は下だけじゃない！	072
No.055	全スライドに会社の**ロゴマーク**を入れるには？	073
No.056	タイトルスライドだけ**ロゴマークを非表示**にしたい	074
No.057	何十個もの**行頭文字や段落書式をすべて変更**できる？	075
No.058	**新しいマスター**はどうやって作るの？	076
No.059	作成した**スライドマスターを適用**するには	077

No.060	自分のオリジナルレイアウトを常に使いたい	078
No.061	作成したレイアウトをクリック1つで適用できる	079
No.062	作成したテーマをテンプレートとして保存するには	080

第5章
プレゼン通過のキモ！ スライドショーの実行ワザ … 081

No.063	プレゼンはスタートが肝心！ スライドショーの実行	082
No.064	トラブル後の再開時には、選択したスライドから実行	083
No.065	次へ、前へ、スピーチによって自在に前後のスライドに切り替える	084
No.066	スライドショーを途中で終了するワザはトラブル時に役立つ	085
No.067	クリック操作不要のスライド自動切り替え	086
No.068	スライドショーの自動切り替え時間を記録するには	087
No.069	店頭での自動プレゼンに便利！ 自動的に繰り返すには	088
No.070	ショートバージョン作成に便利！ 目的別スライドショー	089
No.071	目的別スライドショーの順番は後から入れ替え、削除できる	090
No.072	目的別スライドショーを実行するにはどうやるの？	091
No.073	プレゼン中にスライドを指すならレーザーポインター	092
No.074	プレゼン中にペンで書き込むとダイナミックなプレゼンに	093
No.075	プレゼン中に書き込んだ線を消すには	094

第6章
図形とSmartArtでカンタン視覚化ワザ … 095

No.076	すべては基本図形の組み合わせ！ 四角形、丸、線を描く	096
No.077	地図の線や図解の四角など同じ図形を何度も描くには？	097
No.078	縦横の線を表示させてキレイな図形を描ける！	098
No.079	図形を同じ中心点から描く同心円は意外と出番が多い	099

No.		ページ
No.080	同じ図形は Ctrl + Shift +ドラッグで**水平・垂直コピー**	100
No.081	**吹き出しの飛び出た部分**や**矢印の軸の太さ**を変えたい	101
No.082	矢印の向きを変えるなど、図形を**自由に回転**するには？	102
No.083	一瞬で右矢印を左矢印に！図形を**上下左右に反転**	103
No.084	複数の図形を目立たせるワザ！背景を描いて**重なり順を変更**	104
No.085	書いた文字を目立たせるワザ！**テキストをハイライト表示**する（2019のみ）	105
No.086	情報の視覚化の基本！**図形内に文字を入力**	106
No.087	**縦長の図形には文字**をどうやって入れればいいの？	107
No.088	図をキレイに見せるには**とにかく揃えまくる**べし	108
No.089	図をある程度完成させたら**グループ化**は必須	109
No.090	図形に**印象的なデザイン**を設定したい！	110
No.091	**図形の色**をコーポレートカラーにしたくても色が作れない	111
No.092	**図形にグラデーション**を設定するには	112
No.093	図形の印象は**枠線の色や種類**でガラリと変わる	113
No.094	図形を一瞬で洗練された印象にする**半透明**ワザ	114
No.095	図形を浮き上がらせたり、ボタンのように**立体的**にする	115
No.096	**ワイヤーフレーム**図形を描きたい	116
No.097	**影を付けた控えめな立体化**でおしゃれな雰囲気に	117
No.098	自分の欲しい図形を作るには**基本図形の結合**で	118
No.099	プレゼンといえば図解！**一瞬で図表を作成**するワザ	119
No.100	SmartArtに**図形を追加**するには	120
No.101	SmartArtにササッと**文字を入力**したい！	121
No.102	ちょっと待った！そのSmartArtの**レイアウト**はそれでOK？	122
No.103	SmartArtに**画像を挿入**して簡単カスタマイズ！	123
No.104	**箇条書きはとにかくいったんSmartArtに変換**してみる	124
No.105	階層構造をスッキリ表せる**組織図**を作成するには	125

No.	タイトル	ページ
No.106	組織図に**図形を追加**したい！	126
No.107	SmartArtは**クリック1つで3-D**にできる	127
No.108	SmartArtの**カラーバリエーション**は無数！	128
No.109	とにかく**タイトルを目立たせる**ワザ	129
No.110	**ワードアートの大きさ**はフォントサイズの変更で	130
No.111	**ワードアートのスタイル**でタイトルの印象は自由自在	131
No.112	**ワードアートを波形に変形**するには	132
No.113	1分でロゴ完成！**図形内の文字にワードアート**を設定	133
No.114	**アイコンを挿入**するには（2019のみ）	134
No.115	パソコン内の**画像を挿入**したら必ずトリミングしよう	135
No.116	**画像に枠を付ける**だけで洗練度150％！	136
No.117	**画像をセピア**にしてノスタルジックな雰囲気に	137
No.118	イラストが描けないなら**画像をイラスト化**しよう	138
No.119	画像の背景を削除して**キリヌキ**たい	139
No.120	時代は動画！**動画を挿入**するには	140
No.121	動画編集ソフトはないけど**動画をトリミング**したい	141
No.122	**動画に枠**を付けてプロっぽさアップ	142

第7章
文字より重要な表とグラフの活用ワザ … 143

No.	タイトル	ページ
No.123	視覚化のスタンダード「**表**」をカンタン作成	144
No.124	プレースホルダーがない場所でも**表を挿入**	145
No.125	表のデザインは**スタイルから選ぶ**だけ	146
No.126	**タイトル行や最初の列は強調**が鉄則	147
No.127	**表の罫線**には意味が隠れている	148
No.128	**セルの斜線**ってどうやって引くの？	149

No.	項目	ページ
No.129	表の**この罫線だけ**をどうしても**消したい**！	150
No.130	**列幅や行高の調整**はExcelと同じ操作でOK	151
No.131	表を作った後から**行や列を挿入**するには？	152
No.132	**複数セル**の見出しはていねいに**結合**しよう	153
No.133	同じグループの**行や列の境界線**は点線で弱める	154
No.134	**見出しの色**は行と列で変えたほうがベター	155
No.135	結合したセル内の**文字は中央に配置**すべし	156
No.136	**文字を縦書き**にするだけで見やすさアップ	157
No.137	**表全体の大きさ**はドラッグでパパッと変更	158
No.138	似たような**表は移動しながらコピー**で効率アップ	159
No.139	やっぱり**Excelで作成した表**を入れたい	160
No.140	数値の表は一歩進んで**グラフ**にしよう	161
No.141	グラフ作成後に**データを編集**するには	162
No.142	**グラフ種類**は棒・円グラフのワンパターンに陥ってない？	163
No.143	**ツリーマップやヒストグラム**を簡単に作りたい（2016以降）	164
No.144	**グラフデザイン**はスタイル＆レイアウトで無数！	165
No.145	**グラフのタイトル**付けは忘れちゃならない	166
No.146	**円グラフの凡例**はできるだけデータラベルに	167
No.147	グラフの**目立たせたい部分**は必ず**書式変更**	168
No.148	**円グラフ**の目立たせたい部分は**切り離そう**	169
No.149	**グラフにはブロック矢印**がセットと覚える	170
No.150	合計も同じグラフに含めるには**複合グラフ**	171
No.151	**Excelグラフ**はそのまま貼り付けOK	172

第8章
アニメーションで効果的な「動き」を付ける …………………… 173

- No.152 スライドの切り替え時に効果を付けたい ……………………… 174
- No.153 スピーチに合わせて箇条書きをレベルごとに表示 …………… 175
- No.154 棒グラフのアニメーションは全体または項目ごと …………… 176
- No.155 アニメーションの速さや方向を変更するには？ ……………… 177
- No.156 どんな動き？　アニメーション効果の再生 …………………… 178

第9章
配布資料も大事！ 印刷とその他の機能ワザ …………………… 179

- No.157 対面プレゼンにはフルサイズで1スライドずつ印刷 …………… 180
- No.158 配付資料には1ページに複数のスライドを印刷 ……………… 181
- No.159 左に3スライド、右はメモ欄の配布資料の作り方 …………… 182
- No.160 配布資料に日付やスライド番号を挿入するには？ …………… 183
- No.161 「禁再配布」などのオリジナルの文言を入れたい …………… 184
- No.162 プレゼンを動画に変換してタブレットで見る ………………… 185
- No.163 間違えて変更されないようにしよう！ 読み取り専用にして保護する … 186
- No.164 プレゼンをPDF形式で保存するには？ ……………………… 187

　　索引 …………………………………………………………………… 188

第1章
まずはコレだけ！必須操作

PowerPointをあまり触ったことがない人も、何となく使えている人も、まずはこの章で説明していることを確認しておきましょう。PowerPointはできることが多岐に渡るため、知らなかった機能や、この機能はこう便利だったのか！など、新しい発見がきっとあるでしょう。

No. 001 覚えておけば操作がスムーズ！ PowerPointの画面構成

PowerPointの基本画面を確認しましょう。中央のスライドペインでメインのスライド編集を行い、左側にスライドの縮小イメージが並べられ、上には各機能のボタンが並んだリボンが配置されています。

クイックアクセスツールバー
よく利用するボタンを表示。追加・削除も可能

タイトルバー
作成中のファイル名や起動中のアプリケーション名が表示

タブ

リボン
実行できる機能のボタンがカテゴリごとにタブで分けられている。
操作の順序はタブをクリック→ボタンをクリック

ボタン

スライドタブ
スライドの縮小イメージを表示

境界線にポインターを合わせてドラッグすれば、スライドタブとスライドペインの大きさを変更できる

ステータスバー
スライドの枚数や現在の作業状態を表示

ノートペインの表示
初期設定でノートペインが表示されない。ここをクリックして表示

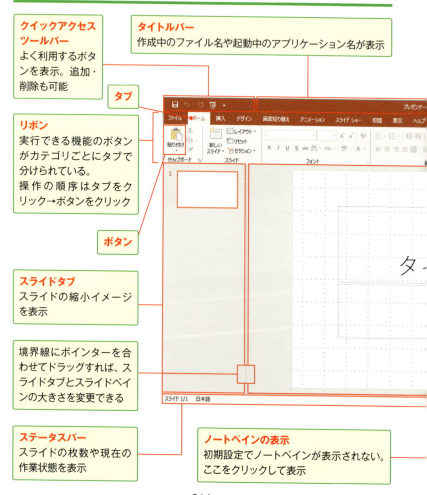

⚠ 本書では画面の解像度が1280×768ピクセルの状態でPowerPointを表示しています。解像度が違う場合は、リボンの表示（ボタンの大きさや絵柄など）やウィンドウの大きさが異なります。

第1章 001 画面構成

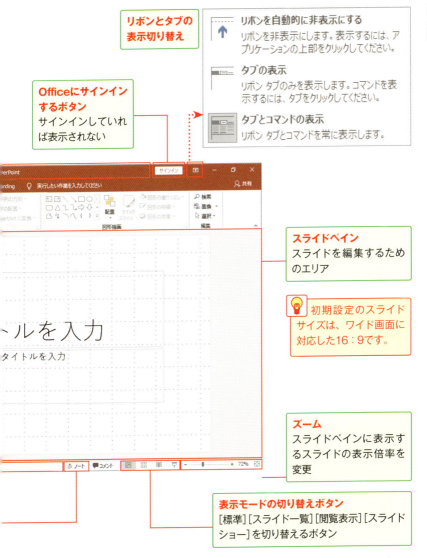

リボンとタブの表示切り替え

リボンを自動的に非表示にする
リボンを非表示にします。表示するには、アプリケーションの上部をクリックしてください。

タブの表示
リボン タブのみを表示します。コマンドを表示するには、タブをクリックしてください。

タブとコマンドの表示
リボン タブとコマンドを常に表示します。

Officeにサインインするボタン
サインインしていれば表示されない

スライドペイン
スライドを編集するためのエリア

💡 初期設定のスライドサイズは、ワイド画面に対応した16：9です。

ズーム
スライドペインに表示するスライドの表示倍率を変更

表示モードの切り替えボタン
[標準][スライド一覧][閲覧表示][スライドショー]を切り替えるボタン

No.002 PowerPointでできる3つのこと

第1章 まずはコレだけ！必須操作

PowerPointはプレゼンで使うソフトですが、具体的には、①会議や説明会などで発表に使用するスライド作成、②プレゼン時にスライドを映し出すスライドショー、③配布資料の作成の3つが行えます。

💡 多彩な「テーマ」(P.61)が用意されています。

1 PowerPointでは、「スライド」で構成される「プレゼンテーション」を作成できる

2 ［スライドショー］を実行してプレゼンテーションを行う

💡 スライドの切り替えには「画面切り替え効果」(P.174)、オブジェクトには「アニメーション」(P.175〜178)を設定できます。

3 配布資料や発表用の「ノート」も作成できる

No.003 プレゼンの流れをつかむには[スライド一覧]が便利

プレゼンで重要なのは「流れ」です。流れをつかむためには、[スライド一覧]表示モードで、スライドを一覧で表示しましょう。起承転結や適切な図解の差し挟み方などがひと目でわかります。

1 [表示]タブを選択
2 [スライド一覧]をクリック

⚠ 表示モードを戻すには左上の[標準]をクリックします。

3 [スライド一覧]表示モードになった

⤴スキルアップ ボタンを使って切り替える

表示モードは、ウィンドウの右下のボタンで切り替えることもできます。左から[標準]ボタン❶、[スライド一覧]ボタン❷、[閲覧表示]ボタン❸、[スライドショー]ボタン❹です。

No. 004 対面でパソコンを覗きながらのプレゼンには[閲覧表示]モード

昨今のプレゼンでは、プロジェクターなどに投影せず、1対1でノートパソコンを覗き込みながら行うこともよくあります。そんなときは[閲覧表示]モードを使いましょう。

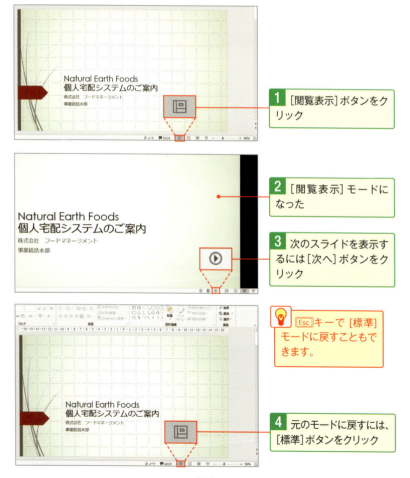

1. [閲覧表示]ボタンをクリック

2. [閲覧表示]モードになった

3. 次のスライドを表示するには[次へ]ボタンをクリック

💡 Escキーで[標準]モードに戻すこともできます。

4. 元のモードに戻すには、[標準]ボタンをクリック

No. 005 スライドショーの実行・中止は意外とアセる

大勢の前でプレゼンを行うとき、スライドショーの実行がスムーズにいかないと、手際の悪い印象を与えてしまうので要注意！　また、トラブルが発生したときの中止の方法も必ず覚えておきましょう。

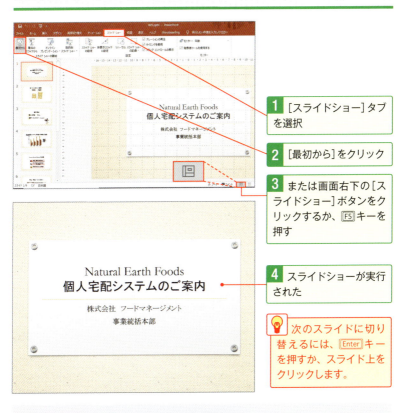

1 [スライドショー]タブを選択

2 [最初から]をクリック

3 または画面右下の[スライドショー]ボタンをクリックするか、F5キーを押す

4 スライドショーが実行された

💡 次のスライドに切り替えるには、Enterキーを押すか、スライド上をクリックします。

⊕トラブル解決　スライドショーを中止するには

トラブル発生時など、途中でスライドショーを中止したいときには、Escキーを押します。また、[スライドショー]を最後のスライドまで表示し終わると、黒い画面が表示され、その画面をクリックすると編集画面に戻ります。

No.006 発表の原稿はどこに書くのがベスト？

大勢の前でのプレゼンの際は、やはり覚え書き程度でも原稿を用意しておきましょう。緊張して頭が真っ白になる可能性もあります。原稿は[ノート]に書いておけば、スライドとセットで印刷できて便利です。

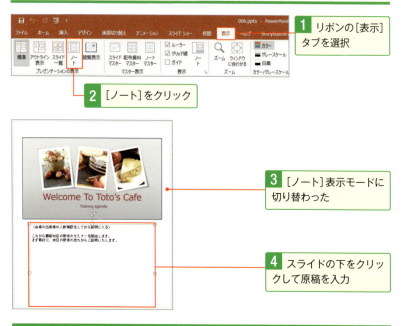

1 リボンの[表示]タブを選択
2 [ノート]をクリック
3 [ノート]表示モードに切り替わった
4 スライドの下をクリックして原稿を入力

前後のスライドを表示する

1 スクロールバーの▲と▼をクリック

💡 ↓ → キーで次のスライドに、↑ ← キーで前のスライドに切り替えられます。

No.007 プレゼン作成のための最初の1歩

いざプレゼンファイルを作ろう！と思っても、いったいどうやって…？と迷ってしまう人も多いと思います。ここでは特に迷いがちな、**すでにプレゼンファイルを開いているときに新規作成する**やり方を紹介します。

1 [ファイル]タブをクリック

2 [新規]または[新規作成]を選択

3 [新しいプレゼンテーション]を選択

4 新しいプレゼンテーションが表示された

💡 先に開いていたプレゼンテーションに切り替えるには、[表示]タブにある[ウィンドウの切り替え]から選択します。

No. 008 特定のスライドを一瞬で選択するワザ

プレゼンの修正では、とにかく頻繁にスライドを選択します。1枚の場合も、複数のスライドを一度に選択したい場合もあります。スライドタブを使いますが、これをいかに素早くできるかが、効率アップにつながります。

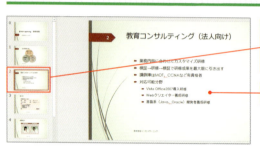

1 スライドタブに縮小表示されているスライドをクリック

2 スライドが表示された

連続する複数のスライドを選択する場合

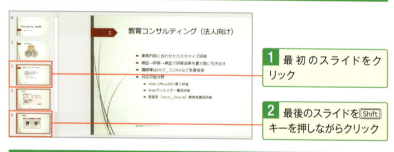

1 最初のスライドをクリック

2 最後のスライドを Shift キーを押しながらクリック

離れている複数のスライドを選択する場合

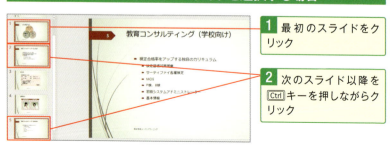

1 最初のスライドをクリック

2 次のスライド以降を Ctrl キーを押しながらクリック

No.009 プレースホルダーって何？どう使うの？

PowerPointでよく出てくる「プレースホルダー」っていったい何なのか、ここできっちり押さえておきましょう。**プレースホルダーとは、「タイトル」「サブタイトル」などを入力するために用意されている専用の枠**のことです。

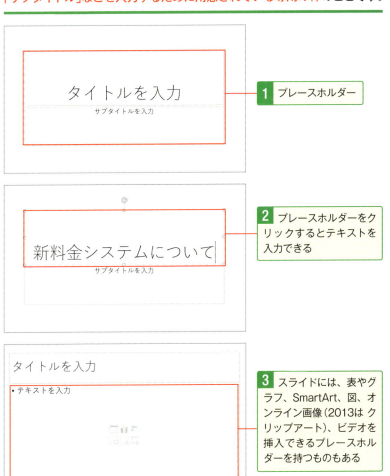

1. プレースホルダー
2. プレースホルダーをクリックするとテキストを入力できる
3. スライドには、表やグラフ、SmartArt、図、オンライン画像（2013は クリップアート）、ビデオを挿入できるプレースホルダーを持つものもある

No.010 スライドマスターを使わないと二度手間三度手間

プレゼンを作るとき、やみくもに「新しいスライド」を追加していませんか？[スライドマスター]を編集すると、すべてのスライドに同じ書式を設定できます。社名やロゴは、あらかじめスライドマスターに入れておきましょう。

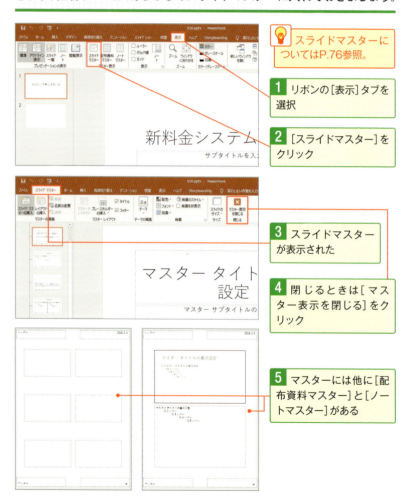

💡 スライドマスターについてはP.76参照。

1 リボンの[表示]タブを選択

2 [スライドマスター]をクリック

3 スライドマスターが表示された

4 閉じるときは[マスター表示を閉じる]をクリック

5 マスターには他に[配布資料マスター]と[ノートマスター]がある

第2章
プレゼン作成はスライド操作がキモ

プレゼン作りのメインはスライド作成です。その際、スライドの挿入・レイアウト変更・移動などの操作をすばやく行うことが、スライド作成の効率をぐんとアップさせます。似たようなスライドは別のプレゼンファイルからコピーして、どしどし再利用しましょう。

No.011 1クリックで新しいスライドを追加するには

[新しいプレゼンテーション]をクリックしてファイルを作成すると、タイトルスライドのみが用意されています。[新しいスライド]の上部をクリックすると、[タイトルとコンテンツ]レイアウトが追加されます。

1 追加したいスライドの前のスライドを選択

2 [ホーム]タブを選択

3 [新しいスライド]の上部をクリック

⊕トラブル解決 スライドを削除するには

左側のスライドタブで削除したいスライドを右クリックし❶、メニューから[スライドの削除]をクリックします❷。

⇧スキルアップ タイトルスライドの前にスライドを追加する

タイトルスライドの上をクリックし❶、横棒カーソルが表示された状態で[ホーム]タブにある[新しいスライド]の上部をクリックします❷。

No. 012 スライドのレイアウトは標準で11種類も！

「レイアウト」とは、スライドのどの位置に何が配置されるのか、あらかじめ設定されています。次のスライドが、比較のスライドか、縦書きテキストが入るか、などによってレイアウトを選択して追加しましょう。

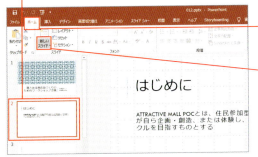

1 スライドを追加したい箇所の直前のスライドをクリック

2 [ホーム]タブを選択

3 [新しいスライド]の下側の▼部分をクリック

4 レイアウトの一覧から追加したいものを選択

💡 テーマ（P.61）によって、用意されたレイアウトの種類や数は違うこともあります。

5 選択したレイアウトのスライドが追加された

No. 013 レイアウトの変更は内容に応じて臨機応変に

[タイトルとコンテンツ]レイアウトですべてを作ろうとすると、うまくいかないスライドも出てきます。そんなときは、思い切ってレイアウトを変更しましょう。**入力したコンテンツはそのままに、レイアウトだけ変更**できます。

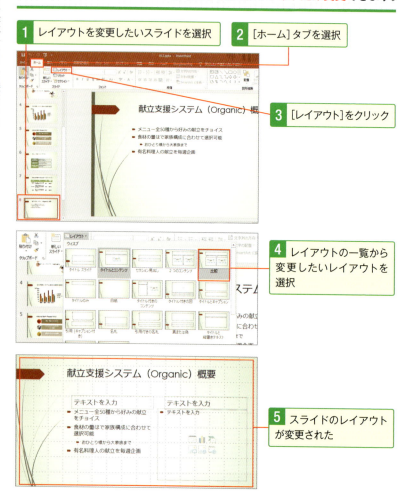

1. レイアウトを変更したいスライドを選択
2. [ホーム]タブを選択
3. [レイアウト]をクリック
4. レイアウトの一覧から変更したいレイアウトを選択
5. スライドのレイアウトが変更された

No. 014 レイアウトがぐちゃぐちゃに！いっそ最初から…

レイアウトをいろいろいじって、ぐちゃぐちゃになってしまった…！　そんなときは、いっそ元に戻して最初から作ったほうが速いかもしれません。[リセット]でプレースホルダーの配置を元に戻しましょう。

1 左のプレースホルダーを小さくする

2 プレースホルダーの形が変更された

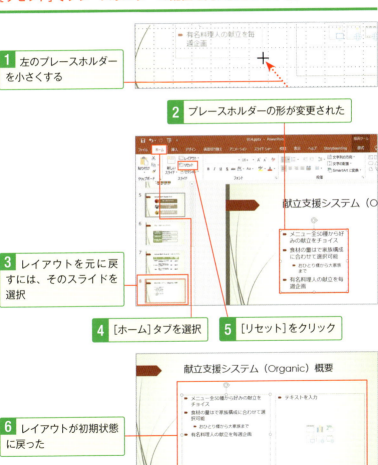

3 レイアウトを元に戻すには、そのスライドを選択

4 [ホーム]タブを選択

5 [リセット]をクリック

6 レイアウトが初期状態に戻った

No.015 スライドの移動は スライドの流れに合わせて

第2章 プレゼン作成は**スライド操作**がキモ

完成してからスライドの流れを調整するには、スライドを入れ替えるとうまくいく場合もあります。スライドの移動距離が近いならドラッグで、遠いようなら[スライド一覧]表示モードを利用するのがカンタンです。

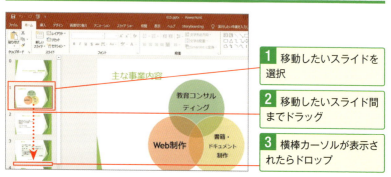

1 移動したいスライドを選択

2 移動したいスライド間までドラッグ

3 横棒カーソルが表示されたらドロップ

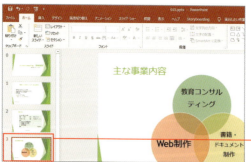

4 選択したスライドが移動した

❶スキルアップ [スライド一覧]表示モードを利用する

スライドの移動距離が長くなる場合には、リボンの[表示]タブ❶にある[スライド一覧]をクリックし❷、移動するスライドをドラッグ&ドロップします❸。

No. 016 似たようなスライド作成は コピーが効率的

似たようなスライドを何枚も作成する際は、[新しいスライド]で追加するのではなく、**既に作ったスライドをコピーすると、効率がぐんとアップ**します。[選択したスライドの複製]を選択すれば、一瞬で同じスライドが作れます。

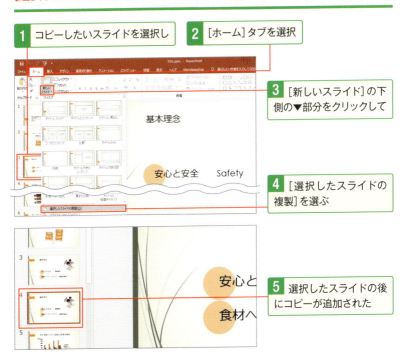

1 コピーしたいスライドを選択し

2 [ホーム]タブを選択

3 [新しいスライド]の下側の▼部分をクリックして

4 [選択したスライドの複製]を選ぶ

5 選択したスライドの後にコピーが追加された

◆スキルアップ コピー&貼り付けを使う

[スライド]タブで、コピーしたいスライドを右クリックして❶、[コピー]を選択します❷。続いて、任意のスライドで右クリックして、[貼り付け]を選択すれば、選択したスライドの後にコピーしたスライドが追加されます。

No.017 あのスライドを使いたい！別のプレゼンからの追加

同じファイルの中からではなく、別のプレゼンファイルからスライドをコピーするには[スライドの再利用]を使います。似たような提案を別の企業へ行うなど、利用できるものはどしどし再利用して効率アップをはかりましょう。

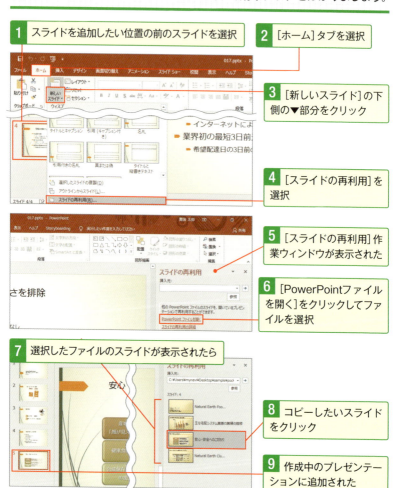

1. スライドを追加したい位置の前のスライドを選択
2. [ホーム]タブを選択
3. [新しいスライド]の下側の▼部分をクリック
4. [スライドの再利用]を選択
5. [スライドの再利用]作業ウィンドウが表示された
6. [PowerPointファイルを開く]をクリックしてファイルを選択
7. 選択したファイルのスライドが表示されたら
8. コピーしたいスライドをクリック
9. 作成中のプレゼンテーションに追加された

第2章 プレゼン作成は**スライド操作**がキモ

No. 018 意外と知らない超ベンリな サンプルスライド

「テンプレート」と呼ばれるサンプルファイルを利用すれば、画像やテキストを差し替えるだけであっという間にプレゼンが完成します。バージョンによっては「テンプレート」や「サンプル」と銘打たれていないので、要注意です。

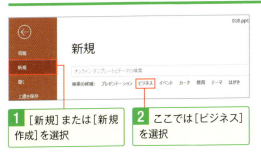

1 [新規]または[新規作成]を選択

2 ここでは[ビジネス]を選択

3 目的のテンプレートを選択

4 [作成]ボタンをクリック

テンプレートを修正してスライドを作る

1 修正したいスライドを選択

2 スライドの画像を選択して、Deleteキーを押す

3 削除した画像があったプレースホルダー内の[図をファイルから挿入]を クリック

4 挿入したい画像を選択し

5 [挿入]ボタンをクリック

6 プレースホルダーに新しい画像が挿入された

7 スライド内のプレースホルダーを選択し、テキストを入力

8 テキストが変わった

9 他の場所も同じ手順で修正する

第3章
入力と編集で役立つ圧倒的な効率ワザ

スライドの文字を入力する際、漫然と入力していませんか？ プレゼンのスライドは読みやすさが命。行間や行揃えなどに少し注意を払うだけで、グッと読みやすくなります。読みやすさアップのための書式設定も、うまいやり方さえ知っていれば一瞬で終わります。

No. 019 タイトルはセンター揃え、長文は両端揃えが見やすい

プレースホルダー内のテキストは、右揃え／左揃え／中央揃え／両端揃え／均等割り付け、から選択できます。ここでは「はじめに」の文字を中央揃えに変更しましょう。タイトルはセンター揃え、長文は両端揃えが見やすいです。

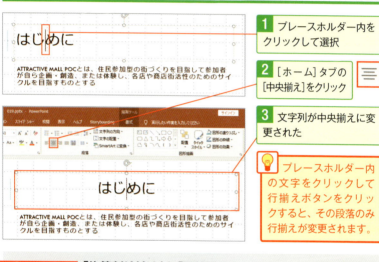

1 プレースホルダー内をクリックして選択

2 [ホーム]タブの[中央揃え]をクリック

3 文字列が中央揃えに変更された

💡 プレースホルダー内の文字をクリックして行揃えボタンをクリックすると、その段落のみ行揃えが変更されます。

⬆スキルアップ 「均等割り付け」と「両端揃え」

[均等割り付け]を使うと、文字列が等間隔で配置されます❶。また、[両端揃え]は、段落が2行以上のときに利用します❷。「左揃え」と比較すると❸、文字間隔が自動調整され、最終行以外はプレースホルダーの両端に揃えて文字列が配置されます。

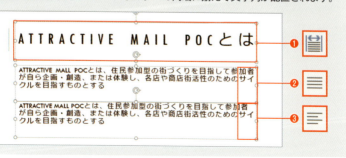

No.020 縦書きはタイムスケジュールやワークフローに大活躍！

プレースホルダーごと縦書きにできます。これが役立つのは、タイムスケジュールやワークフローを作成する場合です。横書きだとあまり行が入りませんが、縦書きにすると多くの行が入ります。1行が短い場合に適します。

1 縦書きにするプレースホルダーを選択 ⚠ 行が多いので文字が小さくなります。

2 [文字列の方向] をクリック

3 [縦書き] を選択

4 文字が縦書きになった

5 半角文字は横組みになる

◆スキルアップ 半角数字の扱い

縦書きの文書では全角文字のみが正しい向きで表示され、半角数字は文字を左から右に並べた「横組み」の設定が既定になっています。横組みが有効になっている縦書きの文書では、半角数字が2文字の場合に限り水平に表示することができます。

No. 021 箇条書きの階層を自由自在に操る

箇条書きの階層は、[インデントを増やす][インデントを減らす]ボタンをクリックすればすぐ移動できます。「増やす」でレベルが下がり、「減らす」で上がります。ここでは2~6行目のインデントのレベルを1つ下げてみましょう。

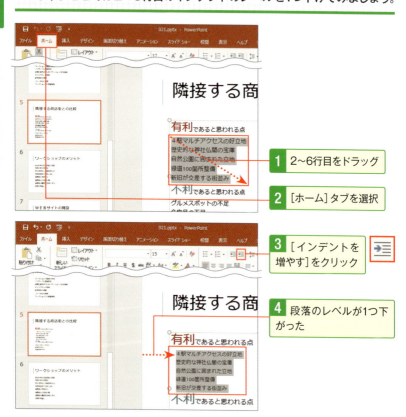

1. 2~6行目をドラッグ
2. [ホーム]タブを選択
3. [インデントを増やす]をクリック
4. 段落のレベルが1つ下がった

◆スキルアップ 箇条書きの行のレベルを元に戻すには

段落のレベルを左へ移動するには、リボンの[ホーム]タブにある[インデントを減らす]をクリックします。

No.022 箇条書きの行頭文字は「●」だけじゃない！記号もOK

箇条書きの行頭文字は、いろいろ用意されています。「●」はよく使いますが、「■」「◆」「□」「・」などさまざまです。雰囲気に合わせて変えてみましょう。

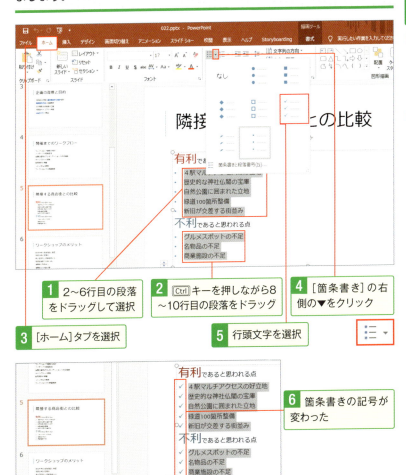

No.023 プレゼンの雰囲気に合わせて行頭文字に記号はいかが？

行頭文字は、記号も使えます。多用するとふざけた印象になりますが、少しだけセンスよく使うと印象的です。ここでは、行頭文字を変更したい段落を選択し、P.42を参考に[箇条書きと段落番号]ダイアログボックスを表示しておきましょう。

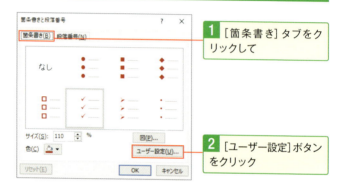

1. [箇条書き]タブをクリックして
2. [ユーザー設定]ボタンをクリック

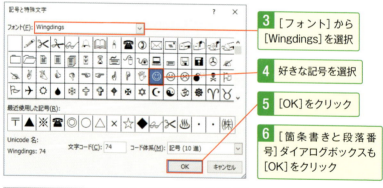

3. [フォント]から[Wingdings]を選択
4. 好きな記号を選択
5. [OK]をクリック
6. [箇条書きと段落番号]ダイアログボックスも[OK]をクリック
7. 行頭文字が記号に変更された

No.024 段落が増えると勝手にフォントが小さくなるのはヤメテ～！

PowerPointは、段落が多くなると、プレースホルダーに収まるよう自動的に文字が小さくなります。便利なときもありますが、小さくしたくない場合もよくあります。そんなときは[自動調整オプション]ボタンからオフにしましょう。

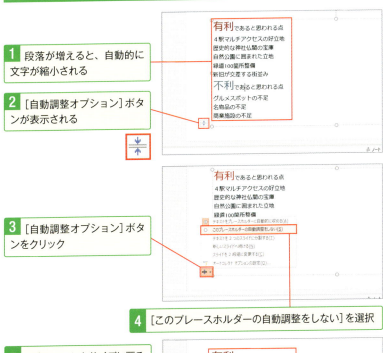

1 段落が増えると、自動的に文字が縮小される

2 [自動調整オプション]ボタンが表示される

3 [自動調整オプション]ボタンをクリック

4 [このプレースホルダーの自動調整をしない]を選択

5 既定のフォントサイズに戻る

⚠️ 自動調整をオフにすると、当然プレースホルダーから文字があふれますが、行数を減らして収めたり、P.51を参照して2枚のスライドに分けたりするなどの対処を行いましょう。

No. 025 行頭文字のサイズや色を変更するワザ

行頭文字のサイズや色は、文章と同じがいいとは限りません。小見出しと同じ色にしたり、行頭文字だけあえて大きくしたりして目立たせたりすることもできます。工夫して印象的な設定にしてみましょう。

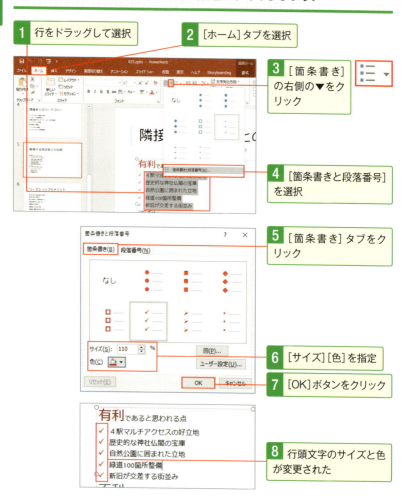

No. 026 通し番号は行頭文字にすると行を入れ替えても大丈夫

ワークフローなど、順番が必要なときに使う通し番号は、自分で入力せずに箇条書きの行頭文字を使いましょう。行を入れ替えたり、削除したりしたときに自動で振り直されます。「1」「①」「A)」「ー、」「a」「i」など、書式もさまざまです。

1 プレースホルダーの枠線をクリックして選択
2 [ホーム]タブを選択
3 [段落番号]の右側の▼をクリック
4 任意の種類を選択

5 行頭文字が段落番号に変わった

> 箇条書きや段落番号を非表示にしたい場合は、[箇条書き]や[段落番号]をクリックしてオフにします。
>

◆スキルアップ 段落番号の種類を変更するには

段落番号の種類を変更するには、[箇条書きと段落番号]ダイアログボックス(P.42)を利用します。[段落番号]タブをクリックして、段落番号の種類や[サイズ]や[色]を指定します。

No. 027 2つのプレースホルダーを連番にするテク

行頭文字に段落番号を使用すると、自動的に「1」から始まる連番になりますが、2つのプレースホルダーの段落番号を「連番」にしたい場合は、2つ目のプレースホルダーの開始番号を指定します。

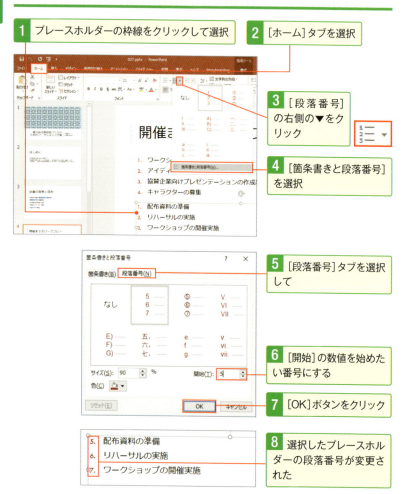

No.028 行の途中で文字位置を揃えたい

スペースを入力して行の途中の余白を調整してしまうと、文字を修正するたびに余白も調整しなければなりません。行の途中で文字を揃えたい場合は、タブとルーラーを利用します。

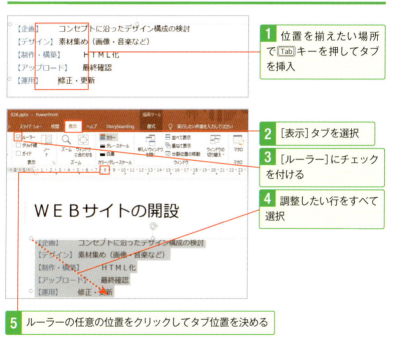

No. 029 段落の前後は行間隔を空けぎみが見やすい

行間隔は自動で設定されますが、小見出しや段落の前後は空けぎみにすると、文字の固まりが見やすくなり、構成がひと目でわかるようになります。いろいろと工夫して、より見やすいスライドを作りましょう。

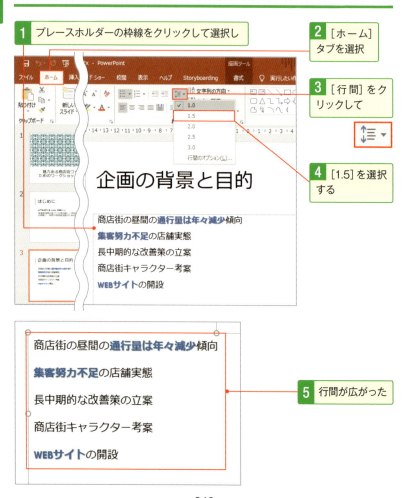

1 プレースホルダーの枠線をクリックして選択し
2 [ホーム]タブを選択
3 [行間]をクリックして
4 [1.5]を選択する
5 行間が広がった

No.030 書式の全変更はプレースホルダーを選択するのがコツ

プレースホルダー全体の書式を設定する場合、文字を全選択して書式を設定してしまいがちですが、明らかに非効率です。プレースホルダーの枠線をクリックして選択し、書式を設定すれば一発で行えます。

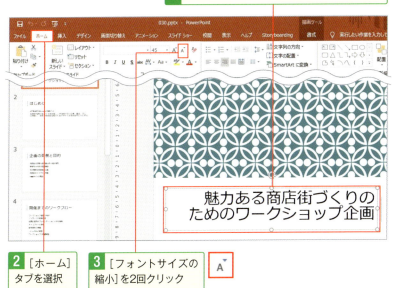

1 プレースホルダーの枠線をクリックして選択

2 ［ホーム］タブを選択

3 ［フォントサイズの縮小］を2回クリック

4 プレースホルダー内のすべての文字サイズが小さくなった

💡 プレースホルダーの枠線をクリックして選択しておくと、フォントサイズ以外にもプレースホルダー内の書式をまとめて変更できます。

No. 031 強調したい単語は一部の文字の書式変更で目立たせる

強調したい単語は、ぜひ書式を変更して目立たせましょう。通常、プレースホルダーに文字を入力すると、スライドマスターの書式が適用されますが、文字をドラッグして選択し、書式を設定すれば、その文字だけ変更できます。

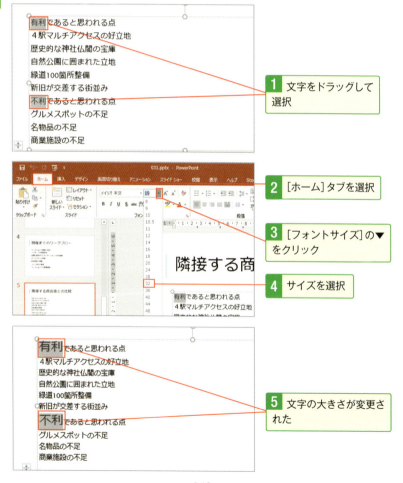

No.032 キーワードは書式のコピーで瞬時に強調

前ページで紹介した、強調したい単語の書式は、コピーして他の文字に貼り付けられます。この機能は、何度も同じ書式を設定する場合や、書式を統一しなければならない場合に便利です。

1 書式を設定した文字列をドラッグして選択

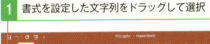

2 [ホーム]タブを選択

3 [書式のコピー/貼り付け]ボタンをクリック

4 ポインターの形が変わる

5 別の文字列をドラッグすると書式が適用される

💡 [書式のコピー/貼り付け]ボタンをクリックしたあとに操作を中断するには、[Esc]キーを押します。

⬆スキルアップ コピーした書式を、複数の箇所に連続して貼り付けるには

[ホーム]タブの[書式のコピー/貼り付け]ボタンをダブルクリックすると、書式を貼り付けた後でも、連続して同じ書式を貼り付けることができます。操作を終了する場合は、[Esc]キーを押します。

No. 033 書体やスタイルをまとめてササッと設定したい

書式には、フォントやスタイル、色や文字飾りなど、設定のためのボタンがいくつもありますが、一つ一つクリックするのは面倒です。ここではタイトルのプレースホルダーに、[フォント]ダイアログボックスで複数の書式を一度に設定します。

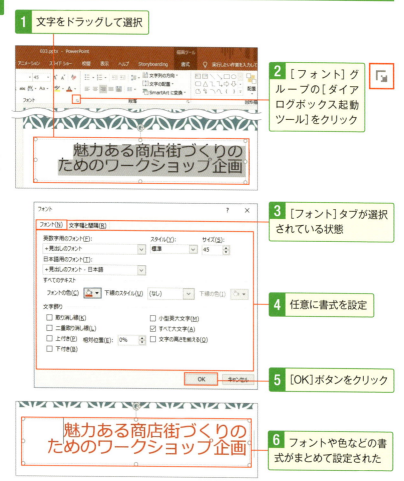

1. 文字をドラッグして選択
2. [フォント]グループの[ダイアログボックス起動ツール]をクリック
3. [フォント]タブが選択されている状態
4. 任意に書式を設定
5. [OK]ボタンをクリック
6. フォントや色などの書式がまとめて設定された

No.034 テキストがあふれた！自動で2枚のスライドに分けよう

プレースホルダーでは、あふれたテキストを小さくして自動的に収める機能がありますが、フォントサイズが小さくなるよりは2枚に分けたい、ということもあるでしょう。[自動調整オプション]ボタンから設定できます。

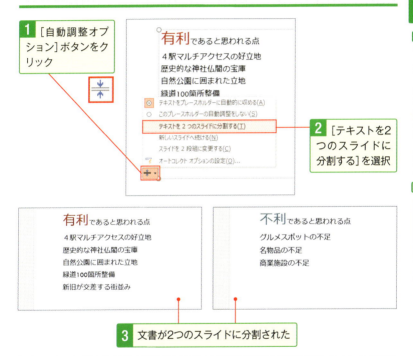

1 [自動調整オプション]ボタンをクリック

2 [テキストを2つのスライドに分割する]を選択

3 文書が2つのスライドに分割された

⬆スキルアップ 自動調整機能を解除するには

文字量が多くなると「自動調整機能」が働き、フォントサイズが自動的に小さくなって、プレースホルダーに収められます。これを解除するには、[自動調整オプション]ボタンをクリックして[オートコレクトオプションの設定]を選択し、[オートコレクト]ダイアログボックスを表示します。[入力オートフォーマット]タブをクリックして、[テキストをタイトルのプレースホルダーに自動的に収める]と[テキストを本文のプレースホルダーに自動的に収める]のチェックを外します。

No. 035 多くの行を1枚に収めるには段組みも効果的

「段組み」とは、1ページに複数の列をレイアウトすることをいいます。また、分けた一区切りを「段」といいます。多くの行を1枚に収めるには、段組みを設定するのも効果的です。

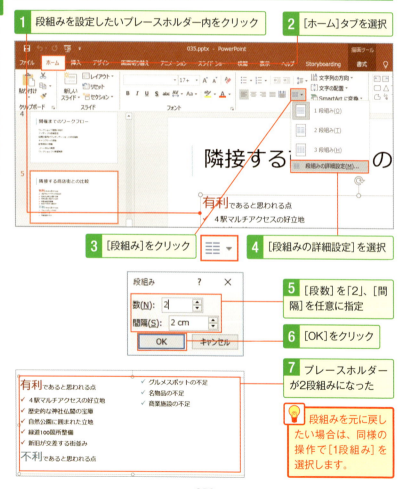

No. 036 プレースホルダーの位置は微調整してもOK

プレースホルダーの位置を移動させるには、枠線をドラッグします。文字の上をドラッグしてしまうと、文字が選択されてしまうので、枠の上をクリックします。ここでは、タイトル用のプレースホルダーを上方向に移動してみます。

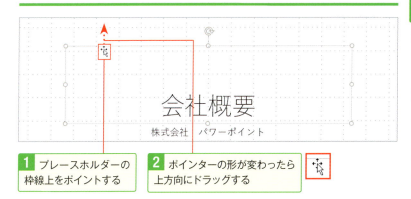

1 プレースホルダーの枠線上をポイントする

2 ポインターの形が変わったら上方向にドラッグする

3 移動させたい位置でドロップ

> ドラッグ中にはオブジェクトの位置関係やスライドの中心を示すガイドが表示され、正確な位置に配置できます。

⊕トラブル解決 プレースホルダーを削除するには

プレースホルダーを削除するには、プレースホルダーの枠線をクリックして選択し、Delete キーを押します。

No. 037 スライドの好きな位置に文字を入力するには

設定されているプレースホルダー以外の場所に文字を入力したい場合、「テキストボックス」を利用します。テキストボックスは、スライドのどこにでも挿入できます。ここではスライドの右上に小さく日付を入れてみましょう。

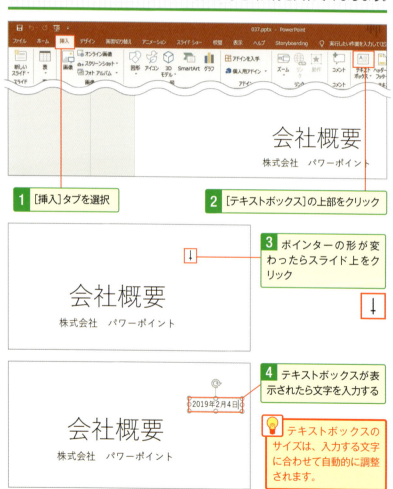

1 [挿入]タブを選択

2 [テキストボックス]の上部をクリック

3 ポインターの形が変わったらスライド上をクリック

4 テキストボックスが表示されたら文字を入力する

💡 テキストボックスのサイズは、入力する文字に合わせて自動的に調整されます。

No.038 構成を作るには「アウトライン」が便利

「アウトライン」モードでは、プレースホルダーに入力された文字のみを階層的に表示します。そのため、プレゼン全体の流れや構成を組み立てるのに適しています。ここでは、アウトライン表示でテキストを入力してみます。

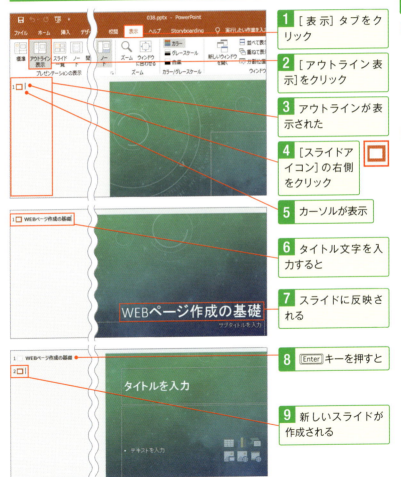

1 [表示]タブをクリック
2 [アウトライン表示]をクリック
3 アウトラインが表示された
4 [スライドアイコン]の右側をクリック
5 カーソルが表示
6 タイトル文字を入力すると
7 スライドに反映される
8 Enter キーを押すと
9 新しいスライドが作成される

No. 039 アウトラインで階層をすばやく変更したい

前ページで説明したアウトラインでは、箇条書きのレベル変更もすばやく行いたいですよね。[アウトライン]表示モードでは、**1番上のレベルがスライドのタイトルとなり、2番目以降のレベルがプレースホルダー内のレベルと対応しています。**

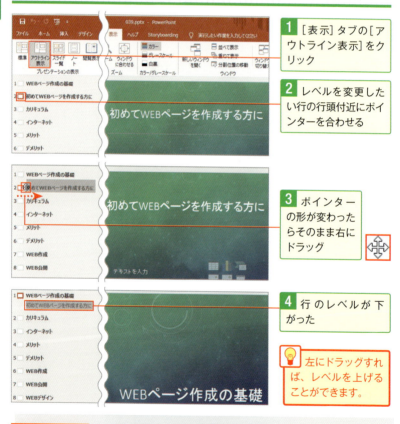

1 [表示]タブの[アウトライン表示]をクリック

2 レベルを変更したい行の行頭付近にポインターを合わせる

3 ポインターの形が変わったらそのまま右にドラッグ

4 行のレベルが下がった

💡 左にドラッグすれば、レベルを上げることができます。

⊕スキルアップ　キー操作でレベルを変更する

[アウトライン]タブで、レベルを変更したい行を選択して Tab キーを押すと、レベルが1つ下がります。 Shift キー+ Tab キーを押すと、レベルが1つ上がります。

No. 040 プレゼンの原稿を書いておく専用の場所がある

プレゼンの原稿は何に書いておけばいいでしょうか？　アンチョコ？　カンペ？いえいえ、PowerPointには専用のメモ書きスペース「ノートペイン」が用意されています。緊張しがちな方は、挨拶やしぐさも書いておくと安心ですね。

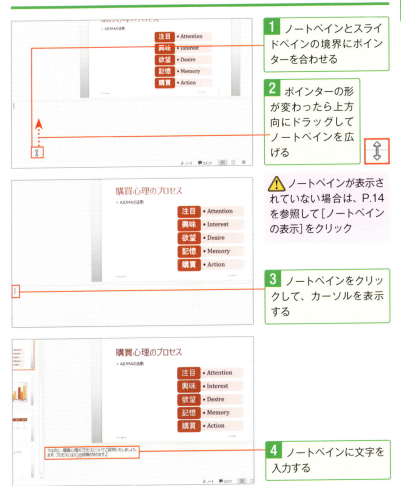

1. ノートペインとスライドペインの境界にポインターを合わせる
2. ポインターの形が変わったら上方向にドラッグしてノートペインを広げる

⚠ ノートペインが表示されていない場合は、P.14を参照して[ノートペインの表示]をクリック

3. ノートペインをクリックして、カーソルを表示する
4. ノートペインに文字を入力する

No. 041 ノートペインにも書式付きの文字や図形を挿入できる

ノートペイン（P.57）にも書式付きの文字や図形を挿入できます。矢印などの記号や、強く言いたいところを赤字にするなど、スピーチしやすいよう工夫してみましょう。まずは［ノート］表示モードに切り替えます。

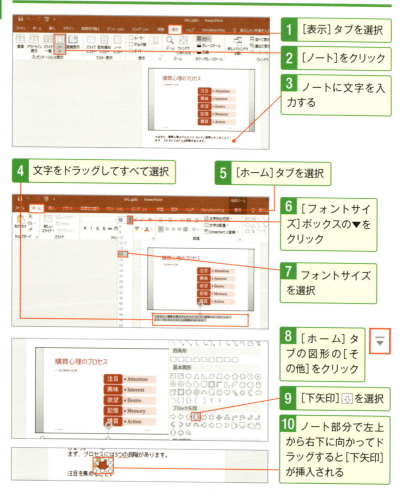

1 ［表示］タブを選択
2 ［ノート］をクリック
3 ノートに文字を入力する
4 文字をドラッグしてすべて選択
5 ［ホーム］タブを選択
6 ［フォントサイズ］ボックスの▼をクリック
7 フォントサイズを選択
8 ［ホーム］タブの図形の［その他］をクリック
9 ［下矢印］を選択
10 ノート部分で左上から右下に向かってドラッグすると［下矢印］が挿入される

第4章
センス不要！
スライドデザインのルール

自分にはセンスがないから…とデザインに関して諦めていませんか？最低限「テーマ」から適切なものを選ぶことだけはやりましょう。さらに、実はスライドのデザインには簡単なルールがあって、それを少しだけ取り入れれば、グッと洗練された雰囲気になるのです。

No. 042 スライドをグループ分けして管理したい

スライドは「セクション」でグループ分けできます。本の章分けのようなもので、枚数の多いスライドの場合に、グループでまとめて管理できて便利です。セクション名をつけたり、セクションを一時的に折りたたんだりして整理できます。

1 セクションの区切りを入れたい位置をクリック

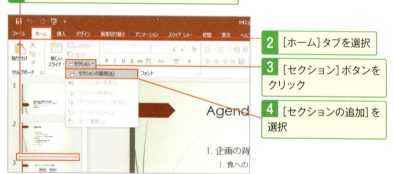

2 [ホーム]タブを選択

3 [セクション]ボタンをクリック

4 [セクションの追加]を選択

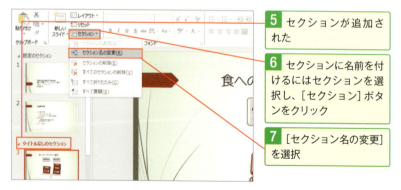

5 セクションが追加された

6 セクションに名前を付けるにはセクションを選択し、[セクション]ボタンをクリック

7 [セクション名の変更]を選択

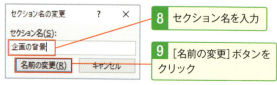

8 セクション名を入力

9 [名前の変更]ボタンをクリック

No. 043 デザインはカンタンにレベルアップできる

「テーマ」とは、背景デザイン、配色、フォント、図形の視覚効果などを設定した、統一感のあるスライドデザインのことです。テーマを設定するだけで、デザインのレベルを簡単にアップできます。

1 [デザイン]タブを選択
2 [テーマ]グループからテーマを選択
3 表示されていないテーマを選ぶ場合は、[その他]をクリック
4 一覧から気に入ったテーマをクリック
5 プレゼンテーション全体にテーマが適用され、背景のデザインも変わった

第4章 042 セクション 043 テーマ

No. 044 このスライドだけは違うテーマを設定したい

テーマはプレゼン全体に設定されますが、特に目立たせたいスライドや、メインテーマと違うスライドなどの場合、そのスライドだけ違うテーマを設定できます。

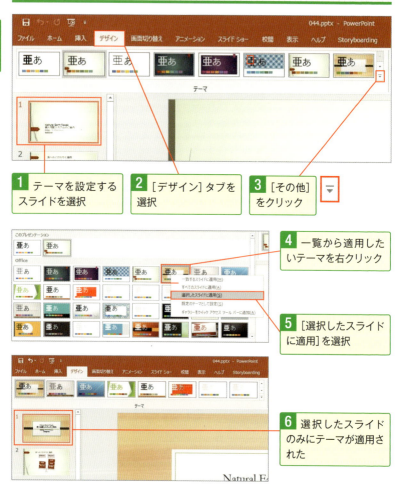

1. テーマを設定するスライドを選択
2. [デザイン]タブを選択
3. [その他]をクリック
4. 一覧から適用したいテーマを右クリック
5. [選択したスライドに適用]を選択
6. 選択したスライドのみにテーマが適用された

No. 045 背景が濃すぎる… バリエーションの活用

背景が濃すぎるなど、テーマで少しだけ気になる部分があった場合、「バリエーション」にピッタリのものがあるかもしれません。特に、印刷して渡す資料の場合、背景が薄い色のほうが読みやすいです。

1 [デザイン]タブを選択

2 バリエーションのパターンをクリック

3 スライドのバリエーションが変更された

4 すべてのスライドのバリエーションが変更された

No. 046 このスライド、モノクロ印刷したらどうなる？

資料をモノクロ印刷するなど、モノクロにする可能性がある場合は、モノクロでどう見えるかもチェックしましょう。強調文字が強調されているように見えなかったり、図版の色分けがわからなかったりなどの点を確認します。

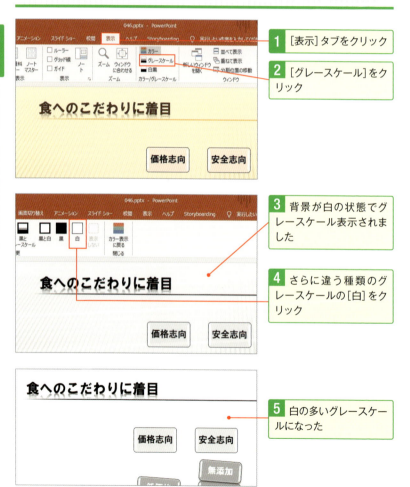

1. [表示]タブをクリック
2. [グレースケール]をクリック
3. 背景が白の状態でグレースケール表示されました
4. さらに違う種類のグレースケールの[白]をクリック
5. 白の多いグレースケールになった

No.047 図形の枠線や塗りつぶしだけって変更できるの?

図形の枠線やグラデーションなどの塗りつぶし効果を組み合わせたものを「テーマの効果」といいます。効果だけが合わないときは、別の効果に変更してみましょう。

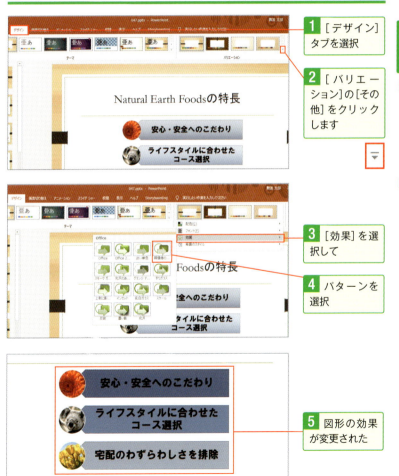

No. 048 スライドのフォントはプレゼンの主題に合わせて

テーマに設定されたフォントは変更できます。見出し用のフォントと本文用のフォントがそれぞれ設定されていますが、主題に合わせて変更しましょう。一般的にゴシック体は力強いイメージ、明朝体は繊細で理知的なイメージです。

1 [デザイン]タブを選択

2 [バリエーション]の[その他]をクリック

3 [フォント]をクリック

4 フォントの一覧が表示されたらクリックして選択

No. 049 スライドの背景色はやっぱり白がいい!?

スライドの背景色は、スライドショーなら濃い色も効果的ですが、印刷して渡すプレゼンの場合、やはり白っぽい色のほうが、余白に書き込みもできて使いやすいです。[背景の書式設定] から設定します。

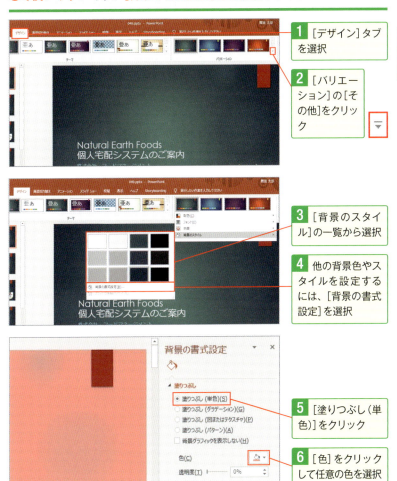

No.050 背景に色をつけるなら グラデーションがベスト

前ページで説明したとおり白い背景は便利ですが、そればかりでも単調ですね。使いやすく、かつ色で変化もつけたいとなると、グラデーションがベストです。白色も残しつつ、色味がついて華やかです。

1 [デザイン]タブにある[バリエーション]の[その他]から[背景のスタイル]を選択

2 [背景の書式設定]を選択

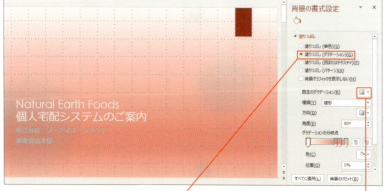

3 [塗りつぶし(グラデーション)]をクリック

4 [既定のグラデーション]からスタイルを選択

No. 051 タイトルスライドの背景に画像を入れたら効果的

プレゼンのイメージに合う画像がある場合、タイトルスライドの背景に入れると効果的です。タイトルスライドは文字が少ないので邪魔になりませんし、プレゼンへの期待感も増します。前ページのように[背景の書式設定]を開いておきます。

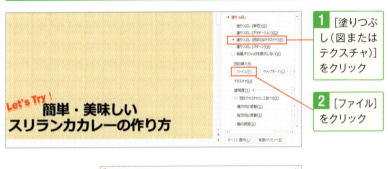

1 [塗りつぶし(図またはテクスチャ)]をクリック

2 [ファイル]をクリック

3 画像を選択

4 [挿入]をクリック

5 透明度を調整しても雰囲気が出る

No. 052 スライド番号を入れておくと万一のときに役立つ

スライド番号は念のため入れておきましょう。スライド中に何枚目かがわかりますし、トラブルにより途中で止めた場合でも、スライド番号をたよりに再開できます。スライド番号は[ヘッダーとフッター]ダイアログボックスで挿入します。

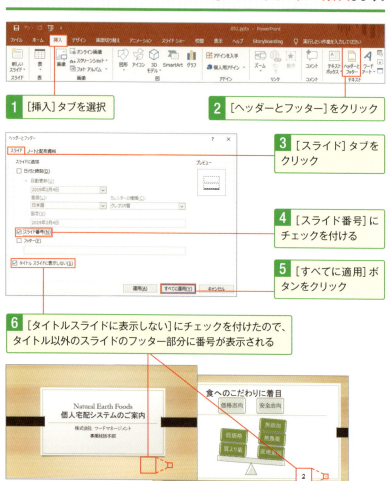

No. 053 タイトルスライドには番号は入れたくない！

前ページで説明したように、スライド番号は入れておいたほうがいいのですが、**タイトルスライドには入れないほうがスマート**です。ここではタイトルスライドの番号は非表示にして、2枚目のスライドから「1」と表示されるように設定しましょう。

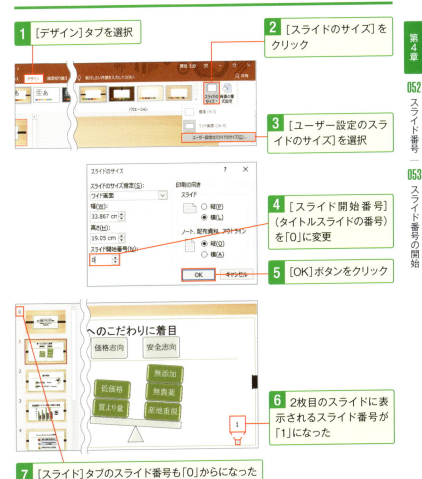

No. 054 フッターやスライド番号の位置は下だけじゃない！

一般的に、フッターやスライド番号の位置は下ですが、デザインによっては自由に位置を動かすことができます。マスターを表示して、フッターの位置をドラッグして変更しましょう。

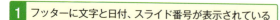

1 フッターに文字と日付、スライド番号が表示されている

2 [表示]タブを選択

3 [スライドマスター]をクリック

4 [スライドマスター]タブに切り替わる

5 スライドマスターを選択

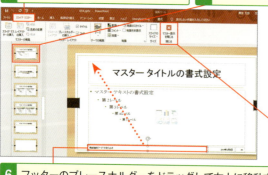

6 フッターのプレースホルダーをドラッグして左上に移動する

7 変更が終了したら[スライドマスター]タブの[マスター表示を閉じる]をクリック

8 すべてのスライドのフッターの文字列が左上に移動した

No. 055 全スライドに会社のロゴマークを入れるには？

スライドの全ページに会社のロゴマークが入っているデザインはよくあります。1ページごとにロゴを挿入していたら手間がかかりますので、スライドマスターにロゴ画像を配置すれば、自動的に全ページに入ります。

1. [表示]タブを選択
2. [スライドマスター]をクリック

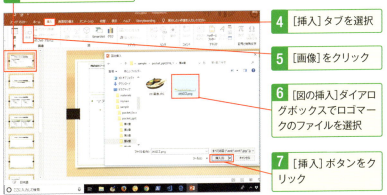

3. スライドマスターを選択
4. [挿入]タブを選択
5. [画像]をクリック
6. [図の挿入]ダイアログボックスでロゴマークのファイルを選択
7. [挿入]ボタンをクリック

8. 挿入されたロゴマークを任意の位置までドラッグ

No. 056 タイトルスライドだけロゴマークを非表示にしたい

前ページで説明したように全ページに会社のロゴマークを入れた場合でも、タイトルスライドのデザインによってはロゴマークを入れないほうがすっきりする場合もあります。[スライドマスター]タブにある[背景を非表示]にチェックを付けます。

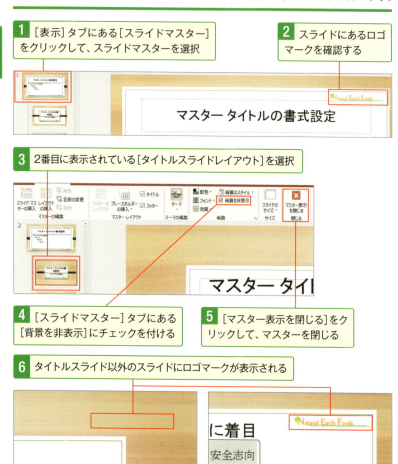

No.057 何十個もの行頭文字や段落書式をすべて変更できる?

行頭文字や段落書式をすべて変更することになった場合、1ページずつ変更していては大変な手間がかかります。スライドマスターを使えば、何十個あったとしても、一瞬で変更できます。

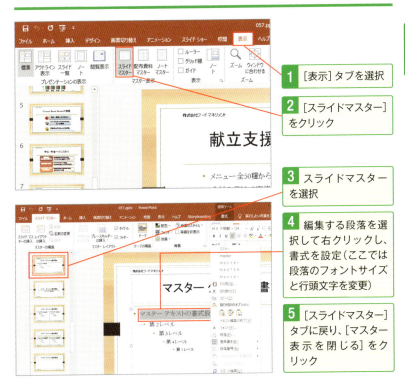

1 [表示]タブを選択

2 [スライドマスター]をクリック

3 スライドマスターを選択

4 編集する段落を選択して右クリックし、書式を設定(ここでは段落のフォントサイズと行頭文字を変更)

5 [スライドマスター]タブに戻り、[マスター表示を閉じる]をクリック

6 すべてのスライドの段落のフォントサイズと行頭文字が変更された

No. 058 新しいマスターはどうやって作るの？

会社で作成するプレゼン資料など、デザインパターンの決まっているものはマスターとして登録しておけば便利です。まずは[表示]タブにある[スライドマスター]をクリックして、マスターを表示しておきましょう。

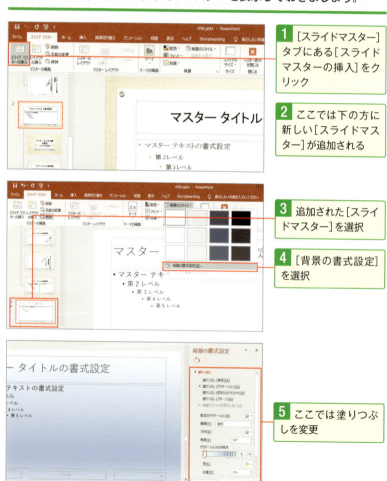

1 [スライドマスター]タブにある[スライドマスターの挿入]をクリック

2 ここでは下の方に新しい[スライドマスター]が追加される

3 追加された[スライドマスター]を選択

4 [背景の書式設定]を選択

5 ここでは塗りつぶしを変更

No.059 作成したスライドマスターを適用するには

前ページで登録したスライドマスターはどうやって適用するのでしょうか？　[デザイン] タブの [テーマ] にある [このプレゼンテーション] をクリックすれば、すぐ適用できます。

1 [デザイン] タブの [テーマ] グループにある [その他] をクリック

2 [このプレゼンテーション] に作成したスライドマスターが表示されるので選択

3 オリジナルのスライドマスターが適用された

No.060 自分のオリジナルレイアウトを常に使いたい

自分がよく使うレイアウトを登録しておけば、**いちいちレイアウトを作成しなくても済みます**。まずは[表示]タブにある[スライドマスター]をクリックして、マスターを表示しておきましょう。

1. [スライドマスター]タブを選択
2. [レイアウトの挿入]をクリック
3. 新しいレイアウトが追加された

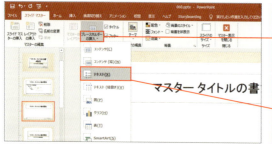

4. [スライドマスター]タブにある[プレースホルダーの挿入]の下側の▼部分をクリック
5. 一覧から追加したいプレースホルダー(ここでは[テキスト])を選択

6. マスタースライドの上をドラッグしてテキストのプレースホルダーを作成する
7. 同様に図やコンテンツのプレースホルダーを挿入し、レイアウトを完成させる

No.061 作成したレイアウトをクリック1つで適用できる

前ページで作成したレイアウトはどうやって適用すればいいのでしょうか？ 簡単です。[ユーザー設定レイアウト]を選択しておけば、ワンクリックでレイアウトを適用できます。

1 [ホーム]タブを選択
2 [レイアウト]をクリック
3 一覧から[ユーザー設定レイアウト]を選択

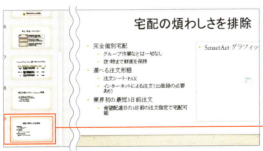

4 オリジナルに作成したレイアウトのスライドが挿入された

◆スキルアップ 作成したレイアウトの名前を変更する

作成したレイアウトの名前を変更するには、マスターを表示して、レイアウトを選択し、リボンの[スライドマスター]タブにある[名前の変更]をクリックします。[レイアウト名の変更]ダイアログボックスで名前を入力して、[名前の変更]ボタンをクリックします。

No. 062 作成したテーマをテンプレートとして保存するには

作成したテーマをテンプレートとして保存しておけば、別の新しいプレゼンテーションを作成する場合にすぐ使えます。[現在のテーマを保存]で保存しておき、[ユーザー定義]から選択します。

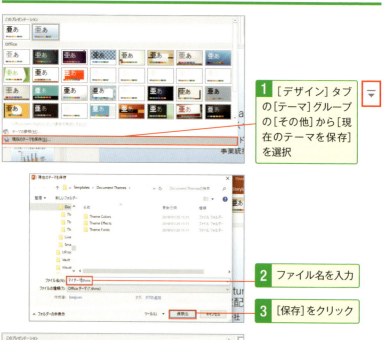

1 [デザイン]タブの[テーマ]グループの[その他]から[現在のテーマを保存]を選択

2 ファイル名を入力

3 [保存]をクリック

4 作成したテーマは[ユーザー定義]に表示される

第5章
プレゼン通過のキモ！スライドショーの実行ワザ

スライドを完璧に作っても、プレゼン本番で失敗すればすべてが台無しです。スライドショーの実行にもいろいろコツがあって、それを覚えるだけで洗練された雰囲気になります。また、通常のプレゼンだけでなく、スライドを何通りにも活用する方法も紹介します。

No. 063 プレゼンはスタートが肝心！スライドショーの実行

プレゼンは最初が肝心です。スライドショーの実行がスムーズでないと、プレゼン全体が手際の悪い印象になってしまいます。何度も練習して、スマートに実行できるようにしておきましょう。

1 [スライドショー]タブを選択

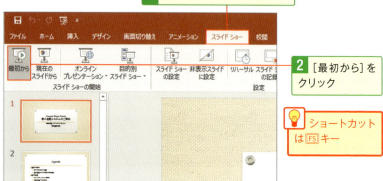

2 [最初から]をクリック

💡 ショートカットは F5 キー

3 どのスライドを選択していても、最初からスライドショーが始まる

💡 クイックアクセスツールバーに表示される[先頭から開始]ボタンでもスライドショーが実行できます。

➕トラブル解決 スライドショーが最初から実行されない

スライドショーが最初のスライドから実行されないときは、[スライドショー]タブにある[スライドショーの設定]をクリックします。[スライドショーの設定]ダイアログボックスの[スライドの表示]で[すべて]が選択されていることを確認します。

No.064 トラブル後の再開時には、選択したスライドから実行

何らかのトラブルで、スライドショーを一時的に中止することはどうしてもあります。そんなときは、途中のスライドから実行するワザを確実に覚えておきましょう。

1 スライドを選択

2 [スライドショー]タブを選択

3 [現在のスライドから]をクリック

4 選択した箇所からスライドショーが始まる

💡 ショートカットは、[Shift]キーを押しながら[F5]キー

⊕スキルアップ [表示モードの切り替え]で[スライドショー]ボタンをクリックする

スライドを選択して、ウィンドウの右下にある[表示モードの切り替え]の[スライドショー]ボタンをクリックしてもスライドショーを実行できます❶。

No.065 次へ、前へ、スピーチによって自在に前後のスライドに切り替える

プレゼン中は次のスライドに進めるだけでなく、一時的に前のスライドに戻ったり、また進めたり、スピーチによって自在に操れるように練習しておきましょう。モタモタしているとプレゼン全体の印象が悪くなります。

1 次のスライドを表示するには、スライドショー実行中にクリック

💡 他のショートカットは Enter キーや → キー、N キーなど

2 前のスライドを表示するには、Backspace キーを押す

💡 他のショートカットは ← キーや P キーなど

🔼スキルアップ スライドショーの実行中にヘルプを表示する

スライドショーの実行中に操作のヘルプを表示するには、画面を右クリックして表示されるメニューから[ヘルプ]を選択します。[スライドショーのヘルプ]ダイアログボックスで、スライドショー実行中の操作を確認できます。

No.066 スライドショーを途中で終了するワザはトラブル時に役立つ

何らかのトラブルで、スライドショーを途中で中止することはどうしてもあります。慌てて操作すると格好悪いですが、涼しい顔で行うとあまり目立ちません。

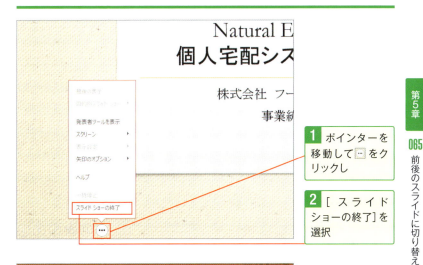

1 ポインターを移動して…をクリックし

2 [スライドショーの終了]を選択

3 [標準]表示モードに戻った

💡 ショートカットは Esc キー

No. 067 クリック操作不要の スライド自動切り替え

スライドを次へ進めるには、通常クリック操作などで手動で行いますが、このスライドは5秒、このスライドは7秒、などと自動で切り替える秒数を設定できます。写真の自動スライドショーを行う場合などに便利です。

1 1枚目のタイトルスライドを選択

2 [画面切り替え]タブを選択

3 [自動的に切り替え]にチェックを付けて、表示時間を「00:10」(10秒)と入力

💡 [スライド一覧]表示モードにして全スライドを表示しておきます。

4 残りのスライドに同じ表示時間を設定するには、2枚目のスライドをクリック

5 最後のスライドを Shift キーを押しながらクリック

6 [自動的に切り替え]にチェックを付けて、スライドの表示時間に「00:05」(5秒)と入力

7 スライドショーを実行すると、スライドが設定した時間で自動的に切り替わる

No. 068 スライドショーの自動切り替え時間を記録するには

前ページでは秒数を設定しましたが、実際のスピーチで想定される切り替え時間を設定するには、実際にプレゼンをやりながら、その切り替え時間を記録します。つまり、リハーサルをしながら、その時間を記録できるのです。

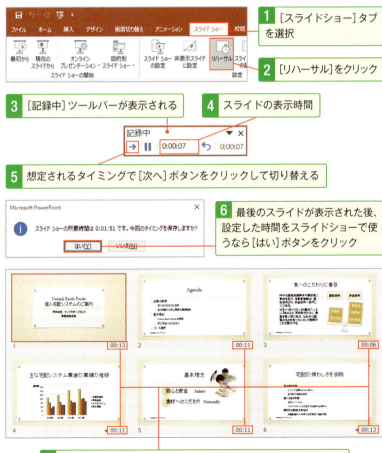

No. 069 店頭での自動プレゼンに便利！自動的に繰り返すには

店頭にパソコンを置いて、プレゼンを自動的に繰り返したい場合などは、「自動プレゼンテーション」の設定をしましょう。これには、P.86～87で紹介したように、あらかじめ切り替えのタイミングを設定しておく必要があります。

1 あらかじめ表示のタイミングを記録しておく

2 [スライドショー]タブを選択

3 [スライドショーの設定]をクリック

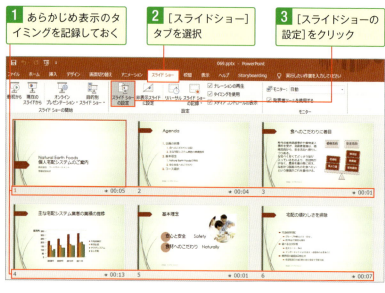

4 [自動プレゼンテーション（フルスクリーン表示）]を選択

5 [OK]ボタンをクリック

第5章 プレゼン通過のキモ！ スライドショーの実行ワザ

No.070 ショートバージョン作成に便利！目的別スライドショー

同じプレゼンを5分バージョン、10分バージョンの時間別や、A社用、B社用のクライアント別など、何通りにも使いたい場合に便利なのが「目的別スライドショー」です。別ファイルにしてしまうと、共通部分に修正が入った時に面倒です。

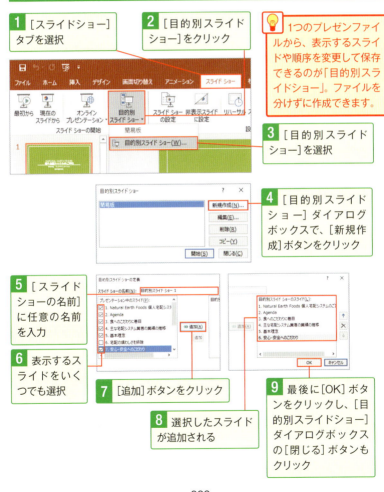

1 [スライドショー]タブを選択

2 [目的別スライドショー]をクリック

💡 1つのプレゼンファイルから、表示するスライドや順序を変更して保存できるのが「目的別スライドショー」。ファイルを分けずに作成できます。

3 [目的別スライドショー]を選択

4 [目的別スライドショー]ダイアログボックスで、[新規作成]ボタンをクリック

5 [スライドショーの名前]に任意の名前を入力

6 表示するスライドをいくつでも選択

7 [追加]ボタンをクリック

8 選択したスライドが追加される

9 最後に[OK]ボタンをクリックし、[目的別スライドショー]ダイアログボックスの[閉じる]ボタンもクリック

No. 071 目的別スライドショーの順番は後から入れ替え、削除できる

前ページで作成した「目的別スライドショー」は、作ったあとで順番を入れ替えたくなることはよくあります。[目的別スライドショー]ダイアログボックスで、カンタンにスライドの順番を入れ替えられます。

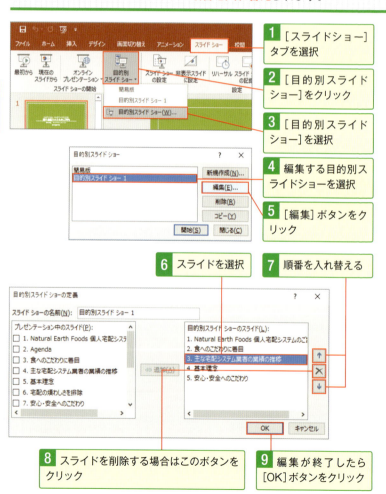

1 [スライドショー]タブを選択
2 [目的別スライドショー]をクリック
3 [目的別スライドショー]を選択
4 編集する目的別スライドショーを選択
5 [編集]ボタンをクリック
6 スライドを選択
7 順番を入れ替える
8 スライドを削除する場合はこのボタンをクリック
9 編集が終了したら[OK]ボタンをクリック

No. 072 目的別スライドショーを実行するにはどうやるの？

P.89～90で作成した「目的別スライドショー」を実行するにはどうするのでしょう？ [目的別スライドショー]ボタンをクリックすると、作ったスライドショーの名前が表示され、選択すると実行できます。

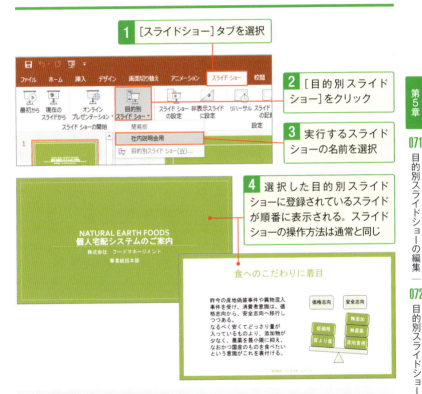

1 [スライドショー]タブを選択

2 [目的別スライドショー]をクリック

3 実行するスライドショーの名前を選択

4 選択した目的別スライドショーに登録されているスライドが順番に表示される。スライドショーの操作方法は通常と同じ

⬆スキルアップ 標準で目的別スライドショーが実行されるように設定する

P.88を参照して、[スライドショーの設定]ダイアログボックスを表示します。[スライドの表示]で[目的別スライドショー]をクリックして、作成した目的別スライドショーを選択すると、リボンの[スライドショー]タブにある[最初から]をクリックしたときに、選択した目的別スライドショーが実行されます。

No.073 プレゼン中にスライドを指すなら レーザーポインター

以前はプレゼン中にスライドを指したい場合、専用のレーザーポインターを用意しなければなりませんでしたが、2013以降であれば、マウスをその代わりにできます。レーザーポインターの色はスライドの背景色を考慮して変更しましょう。

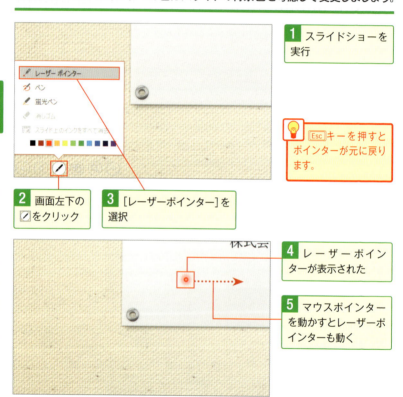

1 スライドショーを実行

2 画面左下の🖉をクリック

3 [レーザーポインター]を選択

💡 `Esc`キーを押すとポインターが元に戻ります。

4 レーザーポインターが表示された

5 マウスポインターを動かすとレーザーポインターも動く

⬆スキルアップ [レーザーポインターの色]を変更するには

レーザーポインターの色を変更するには、リボンの[スライドショー]タブにある[スライドショーの設定]をクリックします。[オプション]から[レーザーポインターの色]の▼をクリックして、色を選択します。

No. 074 プレゼン中にペンで書き込むとダイナミックなプレゼンに

プレゼン中に、強調したい部分をマルで囲んだり、棒グラフの推移を示すのに矢印を書き込んだりすると、動きのあるダイナミックなプレゼンになります。ぜひ積極的に取り入れてワンランク上のプレゼンを目指しましょう。

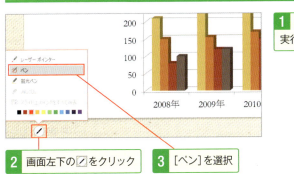

1 スライドショーを実行

2 画面左下の🖉をクリック

3 [ペン]を選択

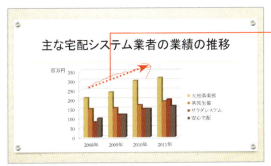

4 ドラッグして書き込む

💡 ペンを使っているときに次のスライドを表示するには、Enterキーや↓キーを押します。

💡スキルアップ　蛍光ペンを使うには

プレゼン中に蛍光ペンを使うには、画面左下の🖉をクリックし❶、[蛍光ペン]を選択します❷。その状態で、ドラッグするとスライドに書き込むことができます。文字を強調したいときに利用するとよいでしょう。

No. 075 プレゼン中に書き込んだ線を消すには

前ページのようにプレゼン中にペンで書き込んだ線は、一括ですべて消去するか、[消しゴム]で1つずつ消すことができます。次回も利用できるものは残して、それ以外は消しておきましょう。

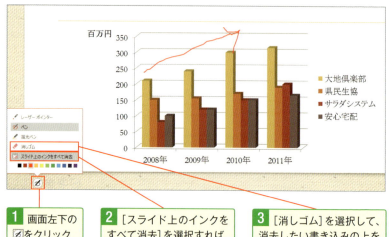

1 画面左下の をクリック

2 [スライド上のインクをすべて消去]を選択すれば、すべて削除される

3 [消しゴム]を選択して、消去したい書き込みの上をクリックすると消去される

◎スキルアップ 書き込んだ線を残して保存するには

書き込んだ線が残っている状態でスライドショー表示を終了すると、「インク注釈を保持しますか?」というダイアログが表示されます。「保持」をクリックすると❶、標準表示に戻しても書き込んだ線がそのまま表示されます。

第6章
図形とSmartArtでカンタン視覚化ワザ

スライドで重要な「情報の視覚化」のためには、図形を避けて通るわけにはいきません。絵がヘタで図形なんか描けないよ、という人も、あらかじめ用意されている図形を組み合わせるだけならカンタンです。もっと手軽な「選ぶだけ」のSmartArtも便利です。

No.076 すべては基本図形の組み合わせ！四角形、丸、線を描く

四角形、丸、線などの基本的な図形は、[図形]一覧に用意されていますので、ドラッグだけで描けます。だいたいの図は基本図形で事足りますし、少し複雑な図でも、基本図形の組み合わせで描けます。

1 [ホーム]タブを選択

2 図形の[その他]をクリック

3 目的の図形（ここでは[正方形/長方形]）を選択

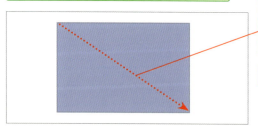

4 四角形の始点（左上）から終点（右下）へドラッグすると、図形が描ける

💡 正方形を描くには[Shift]キーを押しながらドラッグします。

⬆スキルアップ 水平線や垂直線を描く

リボンの[ホーム]タブにある[図形]をクリックして、[線]グループの中から[直線]＼または[矢印]＼を選択します。[Shift]キーを押しながら左右または上下にドラッグすると水平線や垂直線を描けます。また、45度の斜線を描くには[Shift]キーを押しながら斜め方向にドラッグします。

No. 077 地図の線や図解の四角など同じ図形を何度も描くには？

地図の道路や、図解の四角など、同じ図形を何度も描くには、いちいち[図形]ボタンから同じ図形を選択していては時間がかかります。そんなときは図形を右クリックして[描画モードのロック]を選択すれば、同じ図形を連続して描けます。

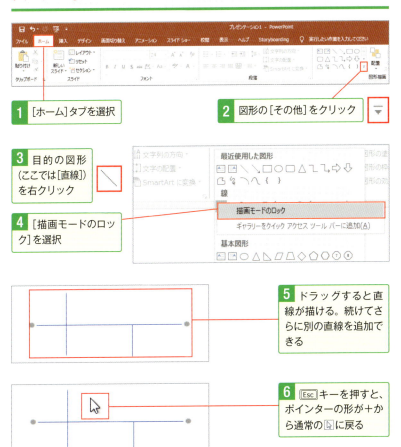

1 [ホーム]タブを選択

2 図形の[その他]をクリック

3 目的の図形（ここでは[直線]）を右クリック

4 [描画モードのロック]を選択

5 ドラッグすると直線が描ける。続けてさらに別の直線を追加できる

6 Escキーを押すと、ポインターの形が+から通常のに戻る

No. 078 縦横の線を表示させてキレイな図形を描ける！

縦横比が2：1の長方形など、キレイな図形を描くにはスライドに縦横の「グリッド線」を表示させればカンタンです。[表示] タブの [グリッド線] にチェックを付けるだけで表示されます。

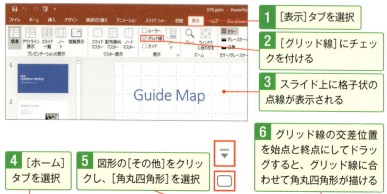

1. [表示] タブを選択
2. [グリッド線] にチェックを付ける
3. スライド上に格子状の点線が表示される

4. [ホーム] タブを選択
5. 図形の [その他] をクリックし、[角丸四角形] を選択
6. グリッド線の交差位置を始点と終点にしてドラッグすると、グリッド線に合わせて角丸四角形が描ける

⬆スキルアップ 中心線（ガイド）を表示するには

ガイドを表示するには、スライド上を右クリックし、[グリッドとガイド] を選択します。[ガイドを表示] にチェックを付け❶、[OK] ボタンをクリックします。スライドの縦と横に中心線（ガイド）が表示されます❷。ガイドはドラッグして自由に移動できます。

No. 079 図形を同じ中心点から描く 同心円は意外と出番が多い

二重丸や二重正方形など、図形を同じ中心点から描くことは意外に多いものです。ここでは同心円を描いてみましょう。P.98を参照してあらかじめグリッド線を表示しておきましょう。

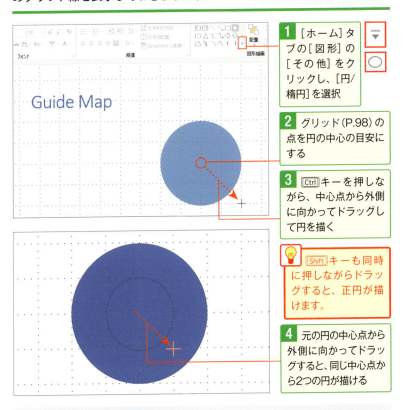

1 [ホーム]タブの[図形]の[その他]をクリックし、[円/楕円]を選択

2 グリッド(P.98)の点を円の中心の目安にする

3 [Ctrl]キーを押しながら、中心点から外側に向かってドラッグして円を描く

💡 [Shift]キーも同時に押しながらドラッグすると、正円が描けます。

4 元の円の中心点から外側に向かってドラッグすると、同じ中心点から2つの円が描ける

⊕スキルアップ 図形を削除するには

描いた図形を削除するには、削除したい図形をクリックして選択し、[Delete]キーを押します。複数の図形をまとめて削除する場合は、[Ctrl]キーを押しながらクリックして複数の図形を選択しましょう。

No. 080 同じ図形は Ctrl + Shift +ドラッグ で水平・垂直コピー

図解では、同じ図形を3つ並べたりなど、同じ図形を必要とする場合は多いものです。Ctrl キー+ドラッグで簡単にコピーできますし、さらに Shift キーを加えると水平または垂直にコピーできます。

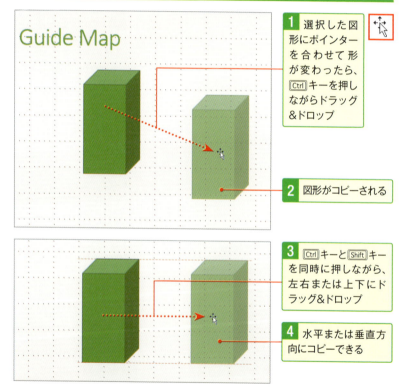

1 選択した図形にポインターを合わせて形が変わったら、Ctrl キーを押しながらドラッグ&ドロップ

2 図形がコピーされる

3 Ctrl キーと Shift キーを同時に押しながら、左右または上下にドラッグ&ドロップ

4 水平または垂直方向にコピーできる

↑スキルアップ 図形を移動するには

図形を移動するには、図形にポインターを合わせて の形になったら、そのままドラッグ&ドロップします。Shift キーを押しながら左右または上下方向にドラッグ&ドロップすると、水平または垂直方向に移動できます。

No. 081 吹き出しの飛び出た部分や矢印の軸の太さを変えたい

吹き出しの飛び出た部分は、スライドの構図によって出したい方向が違いますよね。でも、基本図形では左下に飛び出た吹き出ししかありません。「調整ハンドル」をドラッグすれば簡単に位置を変えられます。

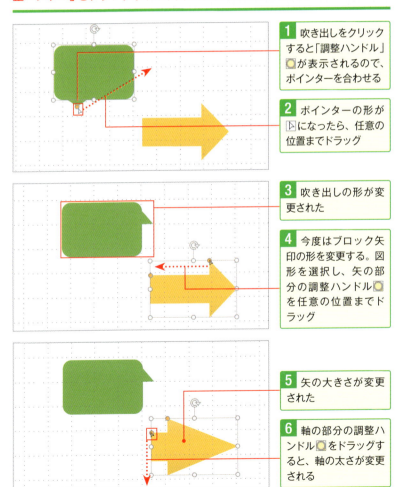

1 吹き出しをクリックすると「調整ハンドル」◎が表示されるので、ポインターを合わせる

2 ポインターの形が▷になったら、任意の位置までドラッグ

3 吹き出しの形が変更された

4 今度はブロック矢印の形を変更する。図形を選択し、矢の部分の調整ハンドル◎を任意の位置までドラッグ

5 矢の大きさが変更された

6 軸の部分の調整ハンドル◎をドラッグすると、軸の太さが変更される

No. 082 矢印の向きを変えるなど、図形を自由に回転するには？

矢印は、基本図形の右向きだけでなく、左向きや下向きや斜めなど自由に向きを変えたいですね。そんなときは「回転ハンドル」をドラッグすれば、好きな角度に変えられます。

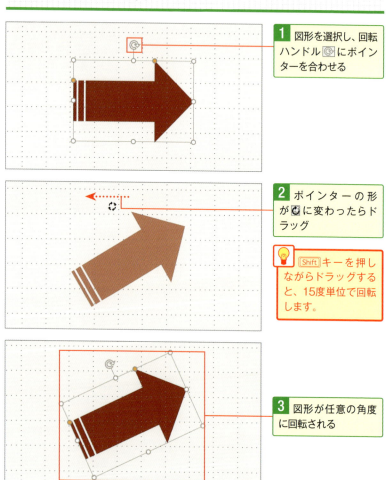

1 図形を選択し、回転ハンドルにポインターを合わせる

2 ポインターの形が変わったらドラッグ

💡 Shiftキーを押しながらドラッグすると、15度単位で回転します。

3 図形が任意の角度に回転される

No. 083 一瞬で右矢印を左矢印に！図形を上下左右に反転

右向き矢印を左向きにしたい場合、前ページのように図形を回転してもできますが、ぐるっと回さないといけないので時間がかかります。そんなときは「反転」させれば、一瞬でできます。

1. 図形を選択
2. ［描画ツール］の［書式］タブを選択
3. ［配置］をクリック

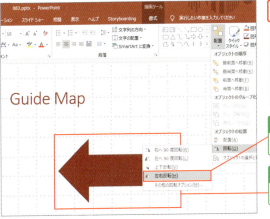

💡 反転方法の項目にポインターを合わせると、ライブプレビュー機能により回転後の図形を確認できます。

4. 反転方法（ここでは［左右反転］）を選択
5. 図形が左右に反転される

No.084 複数の図形を目立たせるワザ！ 背景を描いて重なり順を変更

図形を組み合わせて作った図表を目立たせたい場合、図形1つ1つに効果を設定していては時間もかかりますし、かえって見づらくなります。そんなときの簡単ワザは楕円を作成して重なり順を変更し、背景に配置することです。

1 背景にする図形を選択
2 [描画ツール]の[書式]タブを選択
3 [配置]をクリック
4 [最背面へ移動]を選択

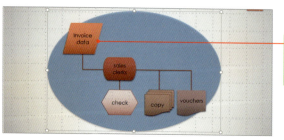

5 背景の図形が背面へ移動し、図形が前にきた

🔺スキルアップ 図形の順序を表示して重なり順を変更するには

任意の図形を選択して[描画ツール]の[書式]タブを選択し、[オブジェクトの選択と表示]をクリックします。[オブジェクトの選択と表示]作業ウィンドウが表示され、スライド内の図形が前面に配置されているものを一番上にして順に表示されます。[前面へ移動]ボタン▲または[背面へ移動]ボタン▼で重なり順を変更します。

No.085 書いた文字を目立たせるワザ！テキストをハイライト表示する(2019のみ)

2019から、Wordでは以前から使えたテキストのハイライト表示ができるようになりました。これにより、テキストの重要な部分を手軽に強調することができます。

1 ハイライトを挿入したい位置を選択
2 [ホーム]タブを選択
3 の▼をクリック
4 好きな色を選択
5 ポインターの形が変わる
6 ハイライトをつけたい範囲でドラッグする
7 選択範囲がハイライト表示された

💡 Escキーを押すと通常のポインターに戻ります

No.086 情報の視覚化の基本！図形内に文字を入力

プレゼンで最も重要な「情報の視覚化」は、基本的には文字情報を図形の中に入れて関係性を視覚的に表すことです。その第一歩、図形内に文字を入力する操作を覚えておきましょう。

横書きの文字を入力する

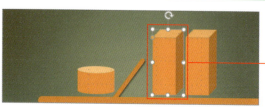

1 図形を選択すると、図形の周囲に実線の枠が表示される

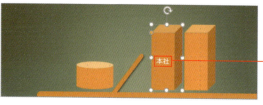

2 図形内に文字をキーボードで入力できる

文字色を変える

1 図形を選択　**2** [ホーム]タブを選択

3 [フォントの色]の右側の▼をクリック

4 色を選択

5 文字色が変わる

No. 087 縦長の図形には文字をどうやって入れればいいの？

縦長の図形に文字を入力すると、2文字くらいで改行されてしまいます。そんなときはもちろん縦書きにしてください。図形の中の縦書きは意外と使えるワザです。

1 文字列を入力した図形を選択

2 [ホーム]タブを選択

3 [文字列の方向]をクリック

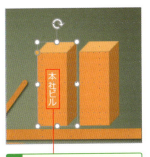

4 [縦書き]を選択

5 文字列が縦書きになった

💡 半角文字が含まれていると、その部分が右へ90度回転します。[縦書き（半角文字も含む）]を選択すると直ります。

⬆スキルアップ 文字書式をすべて削除するには

図形を選択したら[ホーム]タブを選択し、[すべての書式をクリア] をクリックします。これで文字書式がすべて削除されます。

No.088 図をキレイに見せるには とにかく揃えまくるべし

図表をキレイに見せる一番のポイントは、とにかく縦・横・サイズ・間隔を揃えまくることです。目見当ではズレますから、[配置]を使います。複数の図形は、必ず上下か左右で揃えたあと、整列で間隔を揃えましょう。

複数の図形を上下中央揃えにする

1 複数の図形を選択

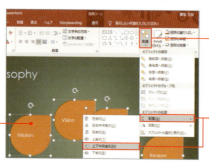

2 [ホーム]タブの[配置]をクリック

3 [配置]→[上下中央揃え]を選択すると、複数の図形が上下中央揃えになる

複数の図形を左右等間隔に配置する

1 複数の図形を選択

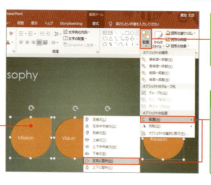

2 [ホーム]タブの[配置]をクリック

3 [配置]→[左右に整列]を選択すると、複数の図形が左右等間隔に配置される

No. 089 図をある程度完成させたら グループ化は必須

複数の図形を1つにまとめることを「グループ化」といいます。グループ化された図形は1つの図形と同じように移動や拡大縮小などができます。図形を作成した際は、ある程度のまとまりごとに必ずグループ化しておきましょう。

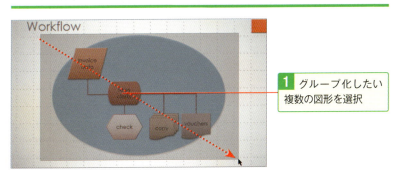

1 グループ化したい複数の図形を選択

2 [ホーム] タブの [配置] をクリック

3 [グループ化] を選択

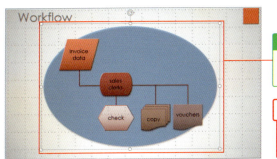

4 選択した図形がグループ化され、1つの図形として扱える

💡 この状態でも各図形を個別に選択して書式を変更できます。

No. 090 図形に印象的なデザインを設定したい!

図形に「クイックスタイル」を設定すると、簡単に印象的なデザインにできます。クイックスタイルとは、図形の外観を決める3要素(塗りつぶし、枠線、効果)がセットになっているものです。

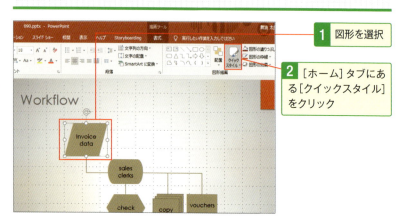

1 図形を選択

2 [ホーム]タブにある[クイックスタイル]をクリック

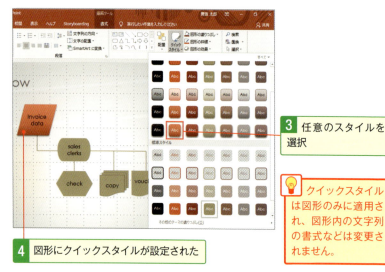

3 任意のスタイルを選択

4 図形にクイックスタイルが設定された

💡 クイックスタイルは図形のみに適用され、図形内の文字列の書式などは変更されません。

No. 091 図形の色をコーポレートカラーにしたくても色が作れない

図形の色をコーポレイトカラーにしたくても、うまく同じ色が作れませんよね。そんなときは、**Webサイトからカラーをスポイトで抽出して、図形に付けられます**。

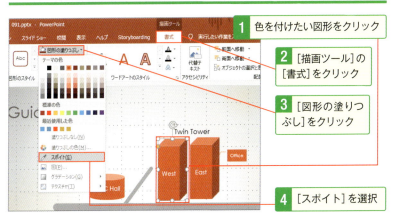

1 色を付けたい図形をクリック
2 [描画ツール]の[書式]をクリック
3 [図形の塗りつぶし]をクリック
4 [スポイト]を選択

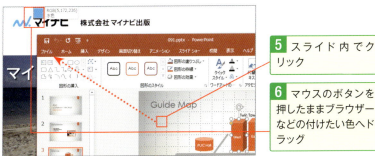

5 スライド内でクリック
6 マウスのボタンを押したままブラウザーなどの付けたい色へドラッグ

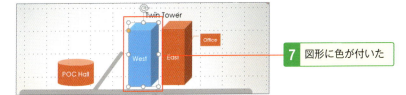

7 図形に色が付いた

No. 092 図形にグラデーションを設定するには

図形を描くと、設定しているテーマに基づいた色に塗りつぶされています。この色は、単色だけでなく、グラデーション、テクスチャ、パターンなどに変更できます。ここではグラデーションに変更してみましょう。

1 図形を選択

2 [ホーム]タブの[図形の塗りつぶし]をクリック

3 [グラデーション]を選択

4 任意のグラデーションを選択

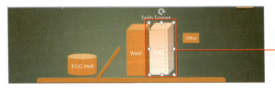

5 図形に淡色のグラデーションが設定される

⊕スキルアップ 組み込みのグラデーションスタイルを設定するには

PowerPointには、組み込みのグラデーションスタイルが多数用意されています。[ホーム]タブを選択し、[図形描画]グループの[ダイアログボックス起動ツール]をクリックすると、[図形の書式設定]の[塗りつぶし]が表示されます。[塗りつぶし(グラデーション)]を選択し、[既定のグラデーション]ボタンをクリックして、一覧からスタイルを選択しましょう。

No. 093 図形の印象は枠線の色や種類でガラリと変わる

図形の印象はどこで決まると思いますか？ 色でしょうか？ 形でしょうか？ もちろんそれらも重要ですが、意外と印象を左右するのが「枠線」です。枠線があるかないか、その色や種類で、図形の印象はガラリと変わります。

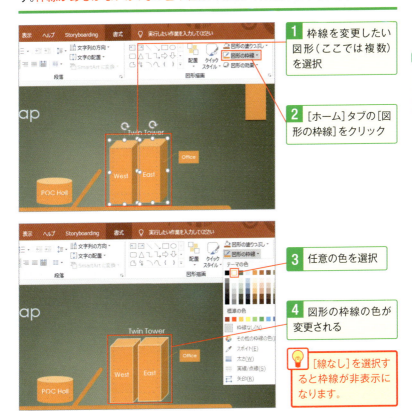

1 枠線を変更したい図形(ここでは複数)を選択

2 [ホーム]タブの[図形の枠線]をクリック

3 任意の色を選択

4 図形の枠線の色が変更される

💡 [線なし]を選択すると枠線が非表示になります。

🔺スキルアップ 枠線の種類を点線に変更する

図形を選択した状態で[図形の枠線]をクリックし、[実線/点線]を選択して、一覧から任意の線種を選択します。

No. 094 図形を一瞬で洗練された印象にする**半透明ワザ**

図形を簡単に洗練された雰囲気にするには、「半透明」が便利です。ちょっとしたあしらいが欲しいとき、図形を重ねてから半透明にしてみましょう。簡単なのにとても役立つワザです。

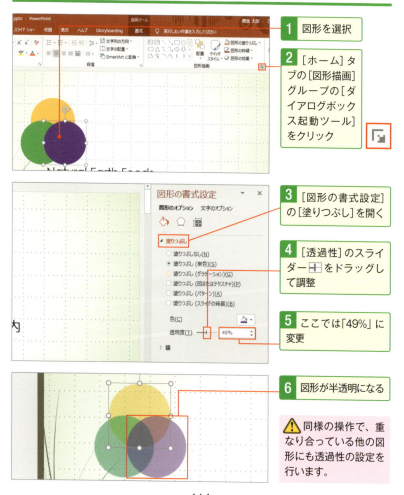

1. 図形を選択
2. [ホーム]タブの[図形描画]グループの[ダイアログボックス起動ツール]をクリック
3. [図形の書式設定]の[塗りつぶし]を開く
4. [透過性]のスライダーをドラッグして調整
5. ここでは「49%」に変更
6. 図形が半透明になる

⚠ 同様の操作で、重なり合っている他の図形にも透過性の設定を行います。

No. 095 図形を浮き上がらせたり、ボタンのように立体的にする

図形には「影」「反射」「光彩」「ぼかし」「面取り」「3-D回転」などの効果が適用できます。自分で1つ1つ設定することもできますが、難しいので[標準スタイル]を利用すると便利です。

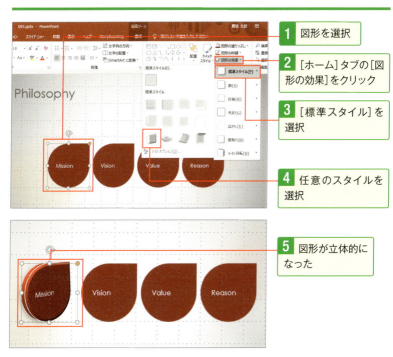

1. 図形を選択
2. [ホーム]タブの[図形の効果]をクリック
3. [標準スタイル]を選択
4. 任意のスタイルを選択
5. 図形が立体的になった

◆スキルアップ 面取りを適用して立体的にする

リボンの[ホーム]タブにある[図形の効果]の[面取り]❶から任意の面取りの種類(ここでは[溝])❷を選択すると、図形の縁に角度が付いて立体的になります❸。

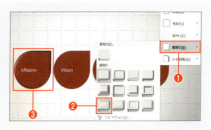

No. 096 ワイヤーフレーム図形を描きたい

図形を3-Dにして、質感を[ワイヤーフレーム]に変更すると、立体感を線で表した図形になります。ちょっと個性的でオシャレな雰囲気になりますので、プレゼンの雰囲気に合えば使ってみるといいでしょう。

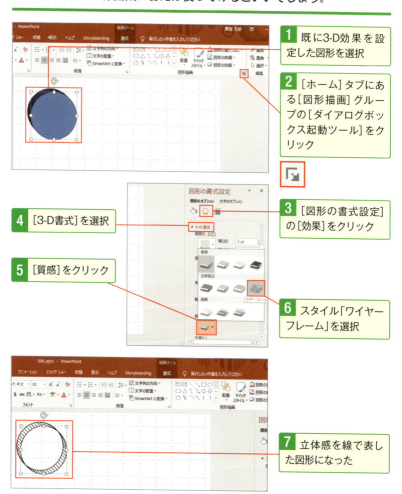

1. 既に3-D効果を設定した図形を選択
2. [ホーム]タブにある[図形描画]グループの[ダイアログボックス起動ツール]をクリック
3. [図形の書式設定]の[効果]をクリック
4. [3-D書式]を選択
5. [質感]をクリック
6. スタイル「ワイヤーフレーム」を選択
7. 立体感を線で表した図形になった

No.097 影を付けた控えめな立体化でおしゃれな雰囲気に

図形に影を付けると、控えめに立体化できます。立体化はうかつに行うとかえって格好悪くなりますが、影を付けるのはさりげなくておしゃれな立体化の一つです。

1 図形を選択

2 [ホーム]タブの[図形の効果]をクリック

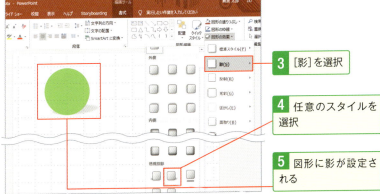

3 [影]を選択

4 任意のスタイルを選択

5 図形に影が設定される

◆スキルアップ 影の色や位置を変更するには

リボンの[ホーム]タブを選択し、[図形描画]グループの[ダイアログボックス起動ツール]をクリックします。表示された[効果]の[影]を選択し、[色][角度][距離]などの数値を変更しましょう。数値の変更はスライダーをドラッグするか、数値ボックスのをクリックします。

No. 098 自分の欲しい図形を作るには 基本図形の結合で

欲しい図形を作るには、その図形の形に基本図形を組み合わせ、「図形の結合」で1つの図形にしましょう。ここでは割愛しましたが、「型抜き」「重なり抽出」も活用していろいろな図形を作ってみましょう。

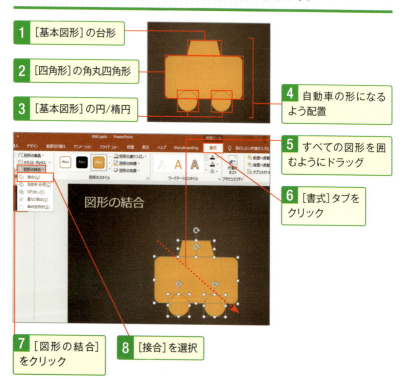

1. [基本図形]の台形
2. [四角形]の角丸四角形
3. [基本図形]の円/楕円
4. 自動車の形になるよう配置
5. すべての図形を囲むようにドラッグ
6. [書式]タブをクリック
7. [図形の結合]をクリック
8. [接合]を選択

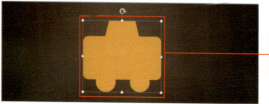

9. 図形が接合されて車の形になった

No. 099 プレゼンといえば図解！一瞬で図表を作成するワザ

スライドの基本は「情報の視覚化」ですが、普通のビジネスマンが視覚化のために図表を作成するのは難しいですよね。「SmartArtグラフィック」を使えば、「リスト」「手順」「循環」など8種類から選択するだけで図表が作成できます。

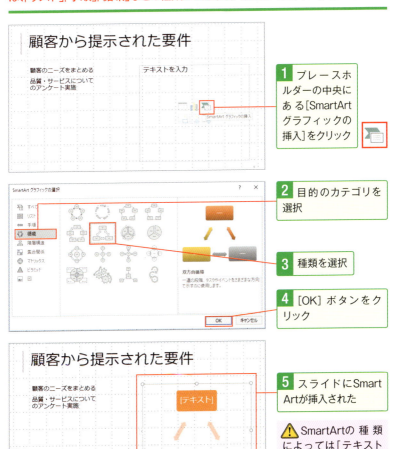

1. プレースホルダーの中央にある[SmartArtグラフィックの挿入]をクリック
2. 目的のカテゴリを選択
3. 種類を選択
4. [OK]ボタンをクリック
5. スライドにSmartArtが挿入された

⚠ SmartArtの種類によっては[テキストウィンドウ]が表示されることもあります。

No.100 SmartArtに図形を追加するには

SmartArtグラフィックに用意されている図形の数は、必要なだけ増やしましょう。[図形の追加]ボタンを利用すれば、クリック1つで簡単に増やせます。

1 基準となる図形を選択

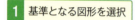

2 [SmartArtツール]の[デザイン]タブを選択

3 [図形の追加]の▼部分をクリック

⚠ [図形の追加]の左側の文字部分をクリックした場合、選択した図形の後に図形が追加されます。

4 [前に図形を追加]を選択

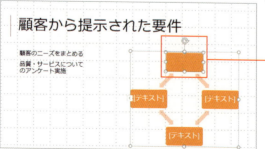

5 選択した図形の前に同じ図形が追加された

No.101 SmartArtにササッと文字を入力したい！

SmartArtグラフィックに文字を入力するには、テキストウィンドウを利用します。ウィンドウ内に文字を入力すると、SmartArtグラフィック内に反映され、文字の大きさや折り返しなど自動的に調整されます。

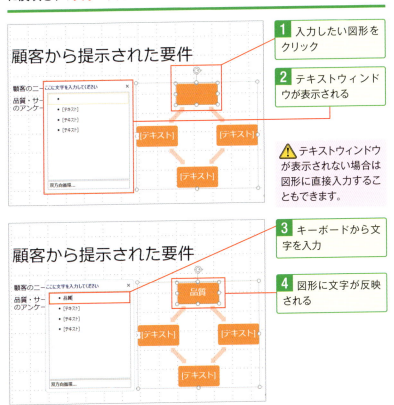

1 入力したい図形をクリック

2 テキストウィンドウが表示される

⚠️ テキストウィンドウが表示されない場合は図形に直接入力することもできます。

3 キーボードから文字を入力

4 図形に文字が反映される

➕トラブル解決 テキストウィンドウが表示されないとき

テキストウィンドウが表示されていない場合は、リボンの[SmartArtツール]の[デザイン]タブにある[テキストウィンドウ]をクリックして表示します。

No.102 ちょっと待った！そのSmart Artのレイアウトはそれでok？

SmartArtグラフィックにはたくさんのレイアウトが登録されています。例えば「循環」のパターンの図形には、「円形循環」「中心付き循環」などいくつものレイアウトが用意されていますので、合ったものに変更しておきましょう。

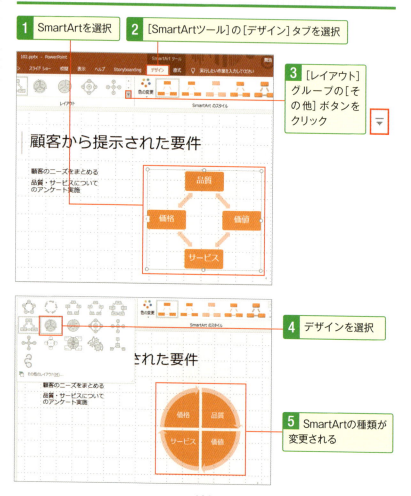

No. 103 SmartArtに画像を挿入して簡単カスタマイズ！

SmartArtグラフィックをカスタマイズするには、写真を入れるのが簡単です。あらかじめ画像の挿入枠が入っているレイアウトを選択し、その枠に画像を配置しましょう。

1 SmartArtの画像の挿入枠にある[図をファイルから挿入]をクリック

2 [ファイルから]をクリックし、（2016＆2013は[参照]）、画像ファイルを選択

3 画像が挿入枠に配置された

💡 画像は挿入枠の形状に合わせて自動的にトリミングされます。

No.104 箇条書きはとにかくいったんSmartArtに変換してみる

スライド作成の基本は「情報の視覚化」です。つい文章の箇条書きで済ませがちですが、単調です。箇条書きはとにかくいったんSmartArtに変換してみましょう。その際、その情報同士の関係性から図表を選ぶのがポイントです。

1 箇条書きが入力されているプレースホルダーを選択

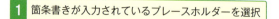

2 [ホーム]タブの[SmartArt(グラフィック)に変換]をクリック

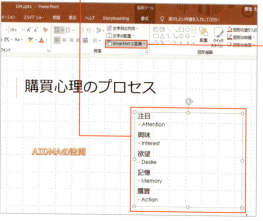

3 SmartArtの種類を選択

4 箇条書きがSmartArtグラフィックに変換された

No.105 階層構造をスッキリ表せる組織図を作成するには

組織の階層構造を図で表現する組織図も、SmartArtグラフィックを利用すれば簡単に作成できます。組織図はツリー構造なので、コンテンツの入れ子を整理したり、Webページの階層図を作成するのにも役立ちます。

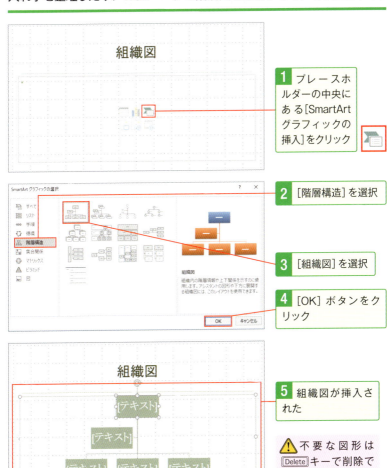

1 プレースホルダーの中央にある[SmartArtグラフィックの挿入]をクリック

2 [階層構造]を選択

3 [組織図]を選択

4 [OK]ボタンをクリック

5 組織図が挿入された

⚠ 不要な図形はDeleteキーで削除できます。

No. 106 組織図に図形を追加したい！

図形の数は実際の組織に合わせて増減しましょう。上位や下位などのレベルを意識して図形を追加するのがポイントです。図形を追加すればレイアウトが自動調整され、図形内の文字サイズなども変更されます。

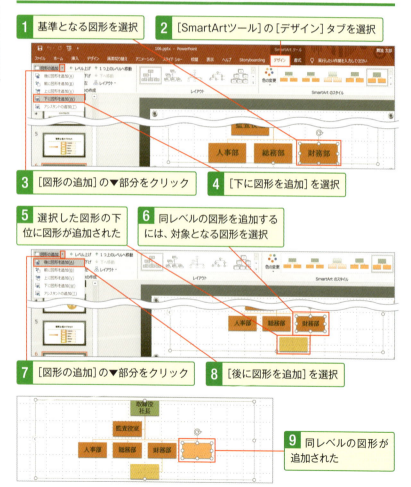

No. 107 SmartArtはクリック1つで3-Dにできる

SmartArtグラフィックのスタイルとは、図表の色や質感を変更する機能です。たくさんの色を使ったカラフルなものや、影や3-D効果を加えた立体的なものまで幅広く用意されています。スタイルをクリックするだけで適用できます。

1 対象となるSmartArtを選択
2 [SmartArtツール]の[デザイン]タブを選択
3 [SmartArtのスタイル]の[その他]をクリック

4 任意のスタイルを選択
5 SmartArtグラフィックのスタイルが変更された

No.108 SmartArtのカラーバリエーションは無数！

SmartArtグラフィックのカラーバリエーションは無数にあるといえます。いろいろな色でカラフルにしたり、同色の濃淡で表現するなど、さまざまなバリエーションがスタイルとして用意されています。

1 対象となるSmartArtを選択

2 [SmartArtツール]の[デザイン]タブを選択

3 [色の変更]をクリック

4 任意のカラースタイルを選択

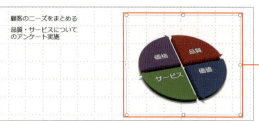

5 SmartArtのカラースタイルが変更された

No.109 とにかくタイトルを目立たせるワザ

スライドにとにかく目立つタイトルを入れるには、「ワードアート」が便利です。「影付き」「斜体」「回転」「引き伸ばし」などの効果の付いた飾り文字を作成できます。派手にしすぎると格好悪くなるので注意が必要です。

1 [挿入]タブを選択

2 [ワードアート]をクリック

3 任意のスタイルを選択

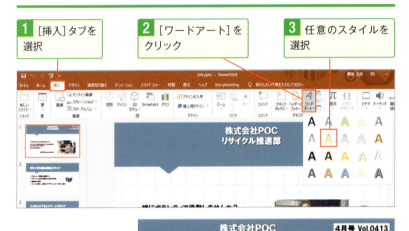

4 ワードアートの入力枠が挿入される

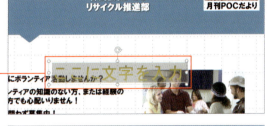

5 文字を入力してドラッグで位置を調整する

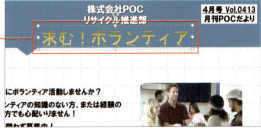

No.110 ワードアートの大きさはフォントサイズの変更で

ワードアートは一見画像っぽいですが、テキストボックスとして挿入されているため、外枠上に表示されるハンドルをドラッグしても大きさは変更されません。フォントサイズの変更と同じように[フォントの拡大・縮小]をクリックします。

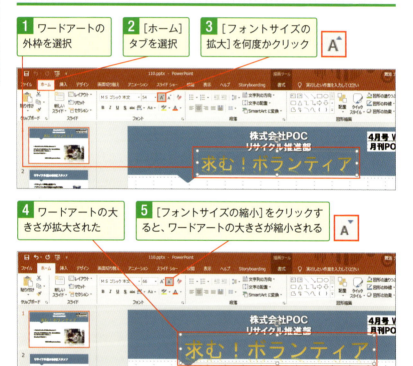

❶スキルアップ サイズを指定して大きさを変更するには

リボンの[ホーム]タブを選択し、[フォントサイズ]の▼をクリックして、一覧から数値を選択してもワードアートの大きさを変更できます。なお、数値をポイントすると、ライブプレビュー機能によりワードアートの大きさがリアルタイムで確認できます。

No. 111 ワードアートのスタイルでタイトルの印象は自由自在

一度作成したワードアートのスタイルは、選ぶだけで簡単に変更できます。スライドの雰囲気にあったスタイルを見つけて完成度を高めましょう。

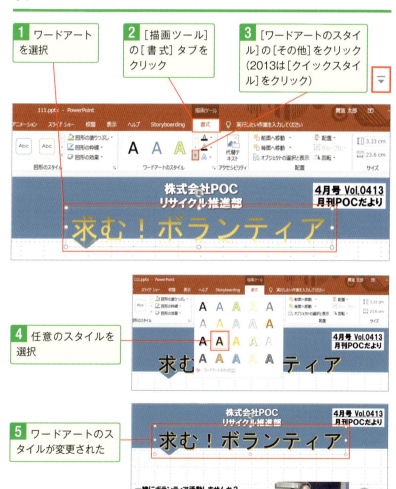

No.112 ワードアートを波形に変形するには

もっとワードアートを目立たせたい！という方には、文字を変形させる方法があります。ただし、やりすぎると格好悪くなるので注意が必要です。波形にしたり魚眼にしたり、いろいろと試してみましょう。

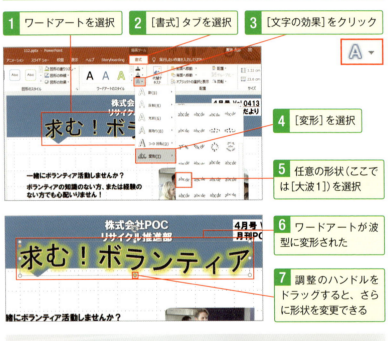

1. ワードアートを選択
2. [書式]タブを選択
3. [文字の効果]をクリック
4. [変形]を選択
5. 任意の形状（ここでは[大波1]）を選択
6. ワードアートが波型に変形された
7. 調整のハンドルをドラッグすると、さらに形状を変更できる

⬆ スキルアップ さまざまな文字効果を設定するには

文字に設定できるスタイルは、反射や光彩、面取り、3-D回転など多種多様な効果を設定できます。例えば、文字の周りを鮮やかな色で縁取る[光彩]を設定するには、[描画ツール]の[書式]タブを選択し、[文字の効果] をクリックし❶、[光彩]から任意の種類を選択します。[文字の効果] で設定した効果は、いずれもサブメニューの[○○なし]を選択して削除できます。

No.113 1分でロゴ完成！図形内の文字にワードアートを設定

図形内の文字にワードアートを設定すると、あっという間にロゴが完成します。意外と使えるのでぜひ活用しましょう。図形の枠線に合わせて文字を配置すると、さらにロゴっぽくなります。

1. 図形を選択
2. [描画ツール]の[書式]タブを選択
3. [クイックスタイル]の[その他]をクリック

4. 任意のスタイルを選択すると、図形内の文字にワードアートスタイルが適用される

↑スキルアップ 図形の枠線に合わせて文字を配置するには

図形を選択したら❶、[描画ツール]の[書式]タブを選択し、[文字の効果]をクリックします❷。表示されたメニューから[変形]を選択して❸、[枠線に合わせて配置]欄にある任意の種類を選択すると❹、図形の枠線に合わせて文字が配置されます。

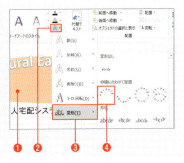

No.114 アイコンを挿入するには (2019のみ)

2019ではスライドにアイコン（SVG画像）を挿入することができます。「ビジネス」「分析」など、目的に合わせてシンプルで使いやすいアイコンが揃っています。

1 [挿入]タブを選択

2 [アイコン]をクリック

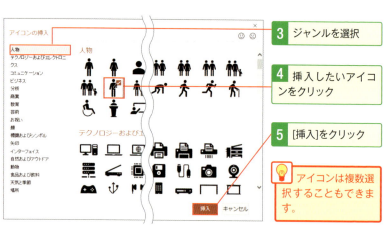

3 ジャンルを選択

4 挿入したいアイコンをクリック

5 [挿入]をクリック

💡 アイコンは複数選択することもできます。

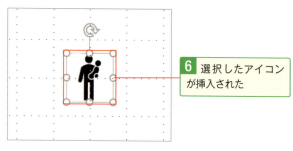

6 選択したアイコンが挿入された

No. 115 パソコン内の画像を挿入したら必ずトリミングしよう

商品や人物、風景などの写真をスライドに挿入すれば、簡単に「情報を視覚化」できます。ポイントは、不要な部分をカットして、見せたいところだけを表示することです。

1. [挿入]タブを選択
2. [画像]をクリック
3. ファイルの場所を指定
4. 挿入したい画像ファイルを選択
5. [挿入]ボタンをクリック
6. 画像ファイルがスライドに挿入された
7. 位置やサイズの調整を行う

↑スキルアップ　画像の不要な部分をカットするには

画像をクリックして選択したら、[図ツール]の[書式]タブを選択し、[トリミング]をクリックします。画像の周りに表示されたハンドルを内側にドラッグすると、画像の不要な部分が非表示になります。

No.116 画像に枠を付けるだけで洗練度150％！

スライド上に入れっぱなしの画像や写真は素人くさく見えますが、フレーム（枠）を付けるだけで、かなり洗練されて見えます。他にも、影や角度を付けたりといった、画像の全体的なスタイルを加工できます。

1. 画像をクリックして選択
2. ［書式］タブを選択
3. ［図のスタイル］グループの［その他］ボタンをクリック
4. 任意のスタイルを選択
5. 画像のスタイルが変更された

◆スキルアップ　フレームの色を変更するには

図のスタイルを設定した画像をクリックして選択し、［図ツール］の［書式］タブにある［図の枠線］をクリックします。メニューから変更したい色を選択します。

No.117 画像をセピアにしてノスタルジックな雰囲気に

スライドに挿入した画像の色を変更できます。セピアに変更してノスタルジックな雰囲気にしたり、モノクロで古い洋画のような雰囲気にしたり、いろいろと工夫できます。

1 画像をクリックして選択
2 [書式]タブを選択
3 [色]をクリック

4 任意の色調を選択
5 色が変更された

⊕スキルアップ 画像の余白を透明にするには

ロゴ画像など余白を透明にしたい画像を選択し❶、[図ツール]の[書式]タブの[色]→[透明色を指定]を選択すると、ポインターが変わります。この状態で画像の余白をクリックすると、余白が透明になります❷。

No.118 イラストが描けないなら画像をイラスト化しよう

簡単に画像をイラスト化するワザとして、**画像に「アート効果」を適用する**と、**スケッチ、イラスト、絵画などの効果**を付けられます。イラストが描けないなら、写真をイラスト化すればいいのです。

1 画像を選択
2 ［図ツール］の［書式］タブを選択
3 ［アート効果］をクリック

4 任意の効果を選択
5 画像が絵画風に加工された

◎スキルアップ アート効果を微調整するには

アート効果を微調整するには、効果が適用されている画像を選択し、上記の操作で［アート効果］をクリックして［アート効果のオプション］を選択します。［図の書式設定］で、効果によって異なる調整が行えます。

No.119 画像の背景を削除して キリヌキたい

画像から、背景などの不要な部分を自動的に取り除くことができます。いわゆる「写真のキリヌキ」が行えるのです。白い背景にレイアウトしたり、他の画像と組み合わせたり、いろいろな活用方法があります。

1 画像を選択

2 [図ツール]の[書式]タブを選択

3 [背景の削除]をクリック

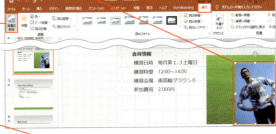

4 紫の部分が削除される

5 残したい部分を調整するには[保存する領域としてマーク]をクリック

⚠ 削除したい部分を調整するには[削除する領域としてマーク]をクリックします。

6 画像の紫の部分をクリックすると ⊕ が表示され、その部分が残される

7 [変更を保持]をクリック

8 背景が削除された

第6章 118 アート効果 — 119 背景の削除

No.120 時代は動画！動画を挿入するには

撮った動画をスライドに挿入して、スライドショーで再生できます。再生できるファイル形式はMPEG4、AVI、WMV、H.264ビデオのmovなど、さまざまです。

1 コンテンツ用のプレースホルダー内にある[ビデオの挿入]をクリックし、ダイアログボックスで挿入したいファイルを選択

⚠ コンテンツ用のプレースホルダーがない場合は[挿入]タブの[ビデオ]をクリック

2 プレースホルダー内にビデオ映像が挿入された

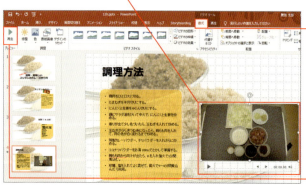

3 [ビデオツール]の[書式]を選択

4 [再生]をクリック

⬆スキルアップ ビデオ挿入時の注意点

2の操作で[自動]を選択すると、スライドショー時に自動的にビデオが再生されます。[クリック時]を選択すると、ビデオ画面をクリックした時に再生されます。後から設定する場合は、[ビデオツール]の[再生]タブを選択し、[開始:]で選択できます。

No.121 動画編集ソフトはないけど動画をトリミングしたい

挿入した動画は、スライド上で直接編集できます。**動画編集ソフトがなくても動画の長さを調整できる**ので大変便利です。動画の前後には、たいてい余計な部分が入ってしまいますから、必ずトリミングしておきましょう。

1 スライドに挿入したビデオを選択

2 [再生] タブを選択

3 [ビデオのトリミング] をクリック

4 [ビデオのトリミング]ダイアログボックスで、開始点を開始位置へドラッグ

5 終了点を終了位置へドラッグ

6 [OK] ボタンをクリックすると、ビデオがトリミングされる

7 [再生] をクリックしてトリミング結果を確認する

No.122 動画に枠を付けてプロっぽさアップ

挿入した動画に、枠や影、反射などの効果を設定できます。入れっぱなしだと簡素な印象になりますが、細い枠を付けておくことで丁寧さが演出できます。再生は枠などの効果が付いたまま行われます。

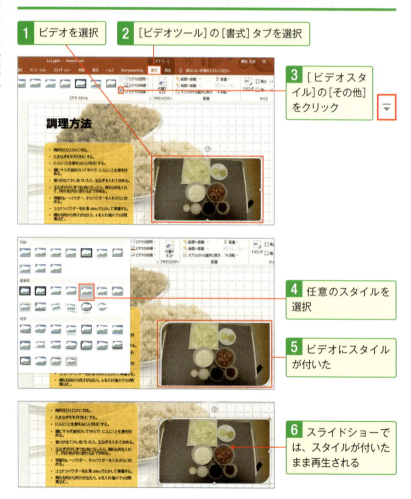

第7章
文字より重要な表とグラフの活用ワザ

繰り返しになりますが、スライド作りのポイントはいかに「情報を視覚化」できるかにかかっています。箇条書きでも何とか表現できるようなものでも、積極的に表にしていきましょう。また、グラフは言うまでもなく重要な要素ですね。

No. 123 視覚化のスタンダード「表」をカンタン作成

箇条書きのレイアウトではわかりにくかったりするものや、**数値情報など**は「表」にすると**カンタンに視覚化**できます。集計値や項目を整列して、見やすく配置できます。

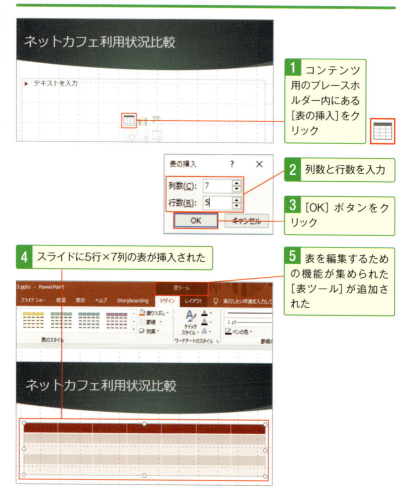

1 コンテンツ用のプレースホルダー内にある[表の挿入]をクリック

2 列数と行数を入力

3 [OK]ボタンをクリック

4 スライドに5行×7列の表が挿入された

5 表を編集するための機能が集められた[表ツール]が追加された

No.124 プレースホルダーがない場所でも表を挿入

コンテンツのプレースホルダーには表のアイコンがありますが、ない場所に表を作りたい場合、[挿入]タブにある[表]をクリックしましょう。行列のマス目を必要な数だけクリックするのがポイントです。

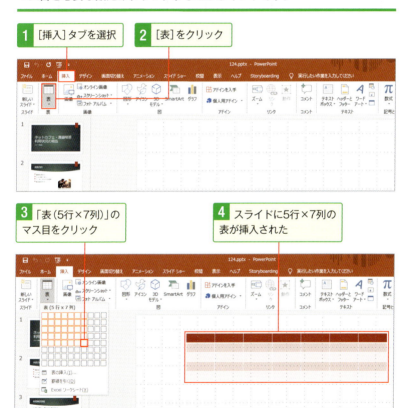

1 [挿入]タブを選択
2 [表]をクリック
3 「表(5行×7列)」のマス目をクリック
4 スライドに5行×7列の表が挿入された

⊕トラブル解決　表を削除するには

表を削除するにはポインターを表の外枠に合わせ、形が変わったところでクリックし、表全体を選択します。この状態でDeleteキーを押すと、表が削除されます。

No. 125 表のデザインはスタイルから選ぶだけ

作成した表にはテーマに基づいたデザインがあらかじめ設定されています。変更したい場合は、[表のスタイル]から選ぶだけです。「表のスタイル」とは、セルや罫線の色・太さなどの設定を組み合わせたデザインパターンです。

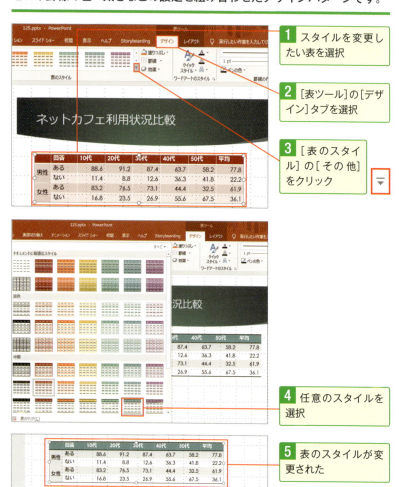

1 スタイルを変更したい表を選択

2 [表ツール]の[デザイン]タブを選択

3 [表のスタイル]の[その他]をクリック

4 任意のスタイルを選択

5 表のスタイルが変更された

No.126 タイトル行や最初の列は強調が鉄則

あらかじめ「表のスタイル」に用意された表デザインは、タイトル行は強調されますが最初の列と最後の列は強調されません。これが見出し列や集計列の場合、必ず強調しておきましょう。

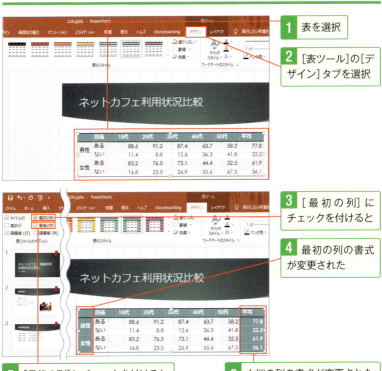

1 表を選択
2 [表ツール]の[デザイン]タブを選択
3 [最初の列]にチェックを付けると
4 最初の列の書式が変更された
5 [最後の列]にチェックを付けると
6 右端の列の書式が変更された

⊕トラブル解決 [タイトル行]にチェックを付けてもタイトル行のセルの色が変わらない

タイトル行や最初の列の書式は、適用されている表のスタイルに依存しています。このため[タイトル行]にチェックを付けてもセルの色は変わらず、行の文字が太字に変更されるだけのスタイルもあります。用途に応じて使い分けるとよいでしょう。

No.127 表の罫線には意味が隠れている

表の境界線は何となく引いているようでいて、実は意味があります。見出しと項目の間は太い線にして目立たせたり、逆に同じ見出し内での境界線は、細くして目立たなくしたりすると見やすさがアップします。

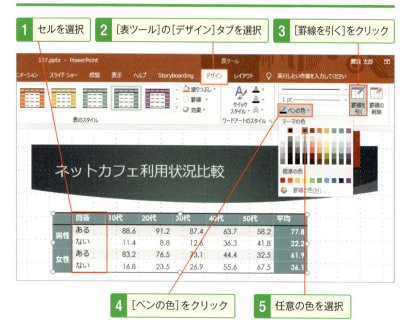

1. セルを選択
2. [表ツール]の[デザイン]タブを選択
3. [罫線を引く]をクリック
4. [ペンの色]をクリック
5. 任意の色を選択
6. ポインターの形が変わったら、罫線を追加したい部分をドラッグまたは1セルずつクリック

7. 罫線が追加された

No. 128 セルの斜線ってどうやって引くの?

一番外側の行と列の交差したところは、たいてい使わないセルですよね。よく見る書式ですが、このセルには斜めの線を引いておきましょう。総当たり戦の同じチームが当たるところも斜めの線で消しておきます。

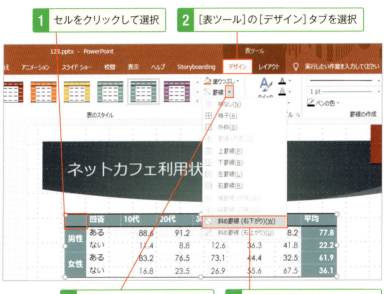

1. セルをクリックして選択
2. [表ツール]の[デザイン]タブを選択
3. [罫線]の右側の▼をクリック
4. [斜め罫線(右下がり)]を選択

5. 右下がりの斜線が引ける

💡 [ペンの色][ペンのスタイル][ペンの太さ]いずれかをクリックして、セルを斜めにドラッグしても斜線が引けます。

No. 129 表のこの罫線だけをどうしても消したい！

罫線を削除するには、[表ツール]の[デザイン]タブにある[罫線の削除]をクリックして消しゴムアイコンにしてから、罫線をクリックします。不用意に消すとセルが結合されることもあるので、注意してください。

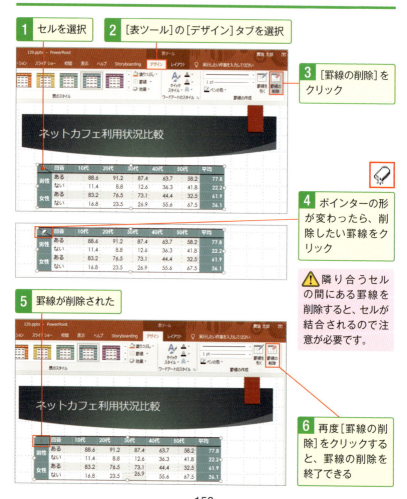

⚠ 隣り合うセルの間にある罫線を削除すると、セルが結合されるので注意が必要です。

No.130 列幅や行高の調整はExcelと同じ操作でOK

PowerPointで挿入した表の列の幅や行の高さはどうやって狭めたり拡げたりすればいいのでしょうか? 実はExcelと同じなのです。セルの境界線をドラッグして、自由に調整しましょう。

1 表の縦の罫線にポインターを合わせ、形が変わったら左右にドラッグして列の幅を調整する

2 1列目の幅が狭くなった

↑スキルアップ 列の幅を均等に揃えるには

複数の列を同じ幅に揃えます。同じ幅に揃える列を選択して❶、[レイアウト]タブにある[幅を揃える]をクリックします❷。

No.131 表を作った後から行や列を挿入するには?

表の行や列を後から増やすには、[表ツール]の[レイアウト]タブから行います。増やしたい場所のセルをクリックして、その上/下/左/右に挿入するかを選びます。選択したセルから見てどちらに挿入されるかがわかりやすいですね。

1 任意のセルをクリックしてカーソルを表示

2 [表ツール]の[レイアウト]タブを選択

3 [上に行を挿入]をクリック

⚠ 列を挿入したい場合は[左に列を挿入]か[右に列を挿入]をクリックします。

4 セルの上に新しい行が挿入された

↑スキルアップ 行や列を削除するには

削除したい行または列のセルを選択して❶、[表ツール]の[レイアウト]タブの[削除]をクリックします❷。表示されたメニューから、行を削除したい場合は[行の削除]を、列を削除したい場合は、[列の削除]を選択します❸。

No.132 複数セルの見出しはていねいに結合しよう

見出しの階層が2つ以上ある場合、上の見出しは結合して下の見出し全体を覆うようにしておくとわかりやすいです。つい忘れがちですが、ていねいに結合しておくと、ぐんと見やすさがアップします。

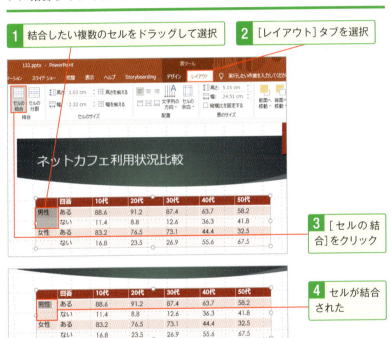

スキルアップ セルを分割するには

分割したいセルをクリックしてカーソルを表示し、[表ツール]の[レイアウト]タブにある[セルの分割]をクリックします。表示される[セルの分割]ダイアログボックスでは、例えば上下に2分割したいなら[列数]に「1」、[行数]に「2」を指定し、左右に2分割したいなら[列数]に「2」、[行数]に「1」を指定します。

No. 133 同じグループの行や列の境界線は点線で弱める

見出しや項目など、同じ要素の境界線は、点線や破線にして弱めておきましょう。[ペンのスタイル]から線の種類を選択すると、簡単に点線や破線に変更できます。

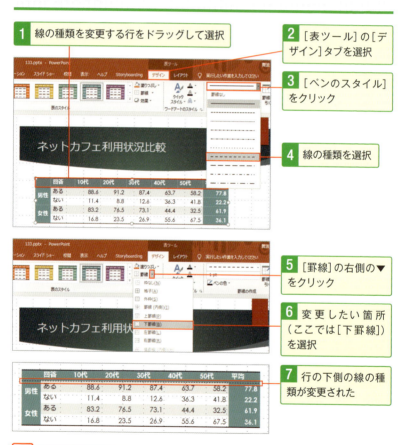

1. 線の種類を変更する行をドラッグして選択
2. [表ツール]の[デザイン]タブを選択
3. [ペンのスタイル]をクリック
4. 線の種類を選択
5. [罫線]の右側の▼をクリック
6. 変更したい箇所(ここでは[下罫線])を選択
7. 行の下側の線の種類が変更された

💡 [罫線を引く]をクリックし、ポインターの形が ✎ の状態で罫線を追加したい部分をドラッグしても線の種類を変更できます。

No.134 見出しの色は行と列で変えたほうがベター

P.147の「強調」で見出しの色を変更すると、テーマによっては行の見出しと同じ色になります。これではあまり見やすい表とはいえません。デザインにもよりますが、行と列の見出しははどちらかを違う色にしておいたほうがよいでしょう。

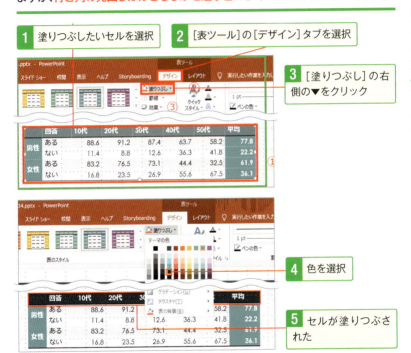

◎スキルアップ ［グラデーション］効果を設定する

メニューから［グラデーション］をポイントして❶、任意のバリエーションを選択すると❷、セルにグラデーション効果が設定できます❸。

No.135 結合したセル内の文字は中央に配置すべし

P.153のように結合したセル内の文字は、基本的には中央に配置するのが見やすいです。[表]ツールの[レイアウト]タブにある[中央揃え]をクリックすれば簡単に中央に配置できます。

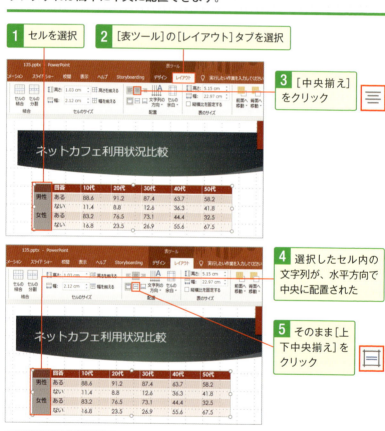

1 セルを選択
2 [表ツール]の[レイアウト]タブを選択
3 [中央揃え]をクリック
4 選択したセル内の文字列が、水平方向で中央に配置された
5 そのまま[上下中央揃え]をクリック
6 セル内の文字列が、垂直方向でも中央に配置された

No.136 文字を縦書きにするだけで見やすさアップ

表の文字は横書きのままにしてしまいがちですが、結合などで縦長になったセル内の文字は縦書きにしておいたほうが見やすいでしょう。[表]ツールの[レイアウト]タブにある[文字列の方向]をクリックするだけです。

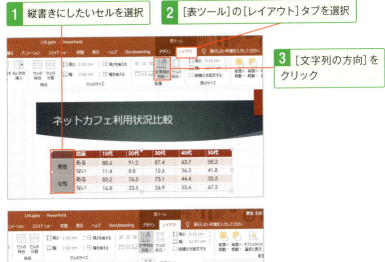

1. 縦書きにしたいセルを選択
2. [表ツール]の[レイアウト]タブを選択
3. [文字列の方向]をクリック

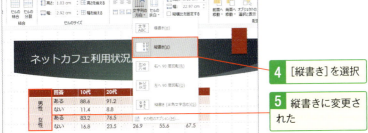

4. [縦書き]を選択
5. 縦書きに変更された

◆トラブル解決 半角英数字が寝転んでしまったら

縦書きにした際、半角英数字が90度回転して表示されることがあります。そのような場合は[文字列の方向]をクリックし、[右へ90度回転][左へ90度回転][縦書き(半角文字含む)]を選択します。

No. 137 表全体の大きさはドラッグでパパッと変更

表の大きさはドラッグで自由に変更できます。縦横比を保ったり、位置を中央に保ったりするには特定のキーを押しながらドラッグしましょう。特定のサイズを数値で指定することも可能です。

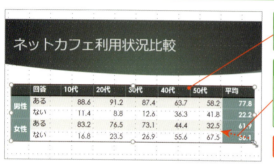

1 表の外枠をクリックして選択

2 表の周囲の四隅にあるハンドルにポインターを合わせ、の形に変わったらドラッグ

💡 [Shift]キーを押しながらドラッグすると、縦横比を保てます。[Ctrl]キーを押しながらだと、表の位置を中央に保てます。

3 表全体の大きさが変わった

⬆スキルアップ 表のサイズを数値で指定するには

表のサイズをcm単位で指定できます。表のサイズを入力するには、[表ツール]の[レイアウト]タブにある[高さ]と[幅]に目的のサイズを入力します❶。
表の縦横比を保ちながらサイズを変更するには、[縦横比を固定する]にチェックを付けます❷。

No.138 似たような表は移動しながらコピーで効率アップ

似たような表を並べて配置したいことはよくあります。その際は移動しながらコピーも済ませてしまいましょう。Ctrlキーを押しながら表をドラッグすると、移動しながらコピーできます。

1 表を選択すると周囲に枠が表示される

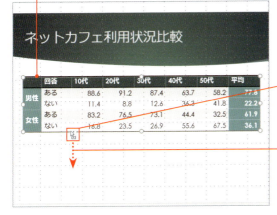

2 枠線上にポインターを合わせ、形が変わったらCtrlキーを押す

3 ポインターの形が変わったらコピー先までドラッグ

4 表がコピーされた

⬆スキルアップ 表全体を移動するには

表の外枠にポインターを合わせて 🔄 の形に変わったら、ドラッグすると、表が移動されます。

No. 139 やっぱりExcelで作成した表を入れたい

すでにExcelで作成した表がある場合は、PowerPointのスライドにコピーして貼り付けられます。書式はPowerPointのテーマに変更されますが、書式を保持したい場合や図として挿入したい場合は[貼り付けのオプション]を選択します。

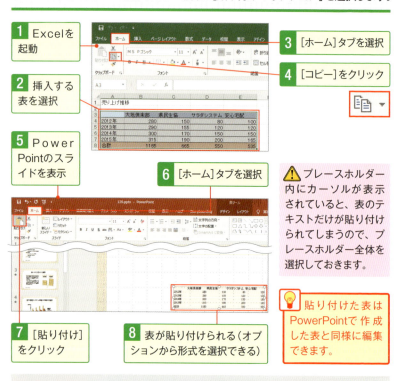

1. Excelを起動
2. 挿入する表を選択
3. [ホーム]タブを選択
4. [コピー]をクリック
5. PowerPointのスライドを表示
6. [ホーム]タブを選択
7. [貼り付け]をクリック
8. 表が貼り付けられる(オプションから形式を選択できる)

⚠ プレースホルダー内にカーソルが表示されていると、表のテキストだけが貼り付けられてしまうので、プレースホルダー全体を選択しておきます。

💡 貼り付けた表はPowerPointで作成した表と同様に編集できます。

↑スキルアップ [貼り付けのオプション]を選択する

Excelで設定しているスタイルを保持したまま表を貼り付ける場合や、図として表を貼り付ける場合には、貼り付けたときに表示される[貼り付けのオプション]をクリックして❶、一覧から選択できます❷。

No.140 数値の表は一歩進んでグラフにしよう

数値の表は、さらに視覚化するためにグラフにするとワンランク上のスライドになります。数値の比較や傾向のアピールなどの目的に合わせて、グラフの種類（棒、折れ線、円グラフ）を選んで使い分けます。

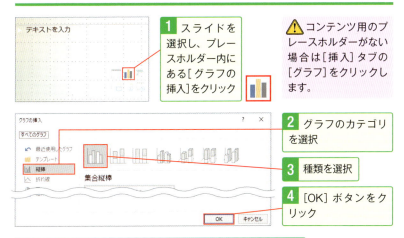

1. スライドを選択し、プレースホルダー内にある［グラフの挿入］をクリック

⚠ コンテンツ用のプレースホルダーがない場合は［挿入］タブの［グラフ］をクリックします。

2. グラフのカテゴリを選択
3. 種類を選択
4. ［OK］ボタンをクリック

5. サンプルのグラフが表示され、スプレッドシートが起動する

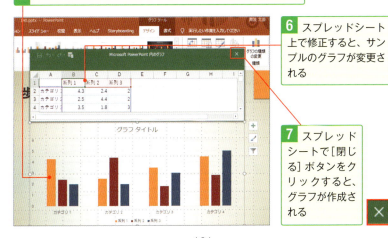

6. スプレッドシート上で修正すると、サンプルのグラフが変更される

7. スプレッドシートで［閉じる］ボタンをクリックすると、グラフが作成される

No. 141 グラフ作成後にデータを編集するには

グラフにしたあとでも、いつでもデータを編集できます。[データの編集]を選択すると、PowerPoint内でスプレッドシートが表示されるので、セルをクリックして修正しましょう。

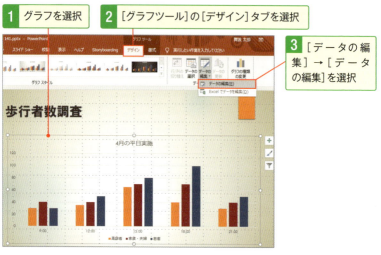

1 グラフを選択
2 [グラフツール]の[デザイン]タブを選択
3 [データの編集]→[データの編集]を選択

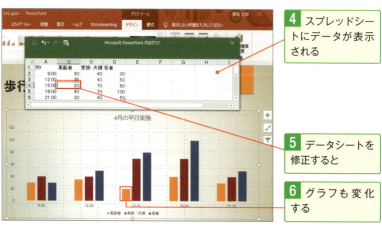

4 スプレッドシートにデータが表示される
5 データシートを修正すると
6 グラフも変化する

No.142 グラフ種類は棒・円グラフのワンパターンに陥ってない?

棒グラフや円グラフは簡単なのでついつい使ってしまいますが、本当にそれが適切でしょうか? グラフ種類は2019ではなんと16種類もあるので、いろいろ試してピッタリのものを選びましょう。

1 グラフの外枠をクリックしてグラフ全体を選択

2 [グラフツール]の[デザイン]タブを選択

3 [グラフの種類の変更]をクリック

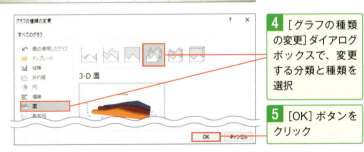

4 [グラフの種類の変更]ダイアログボックスで、変更する分類と種類を選択

5 [OK]ボタンをクリック

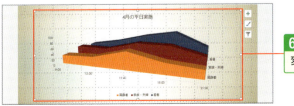

6 グラフの種類が変更された

No.143 ツリーマップやヒストグラムを簡単に作りたい（2016以降）

バージョン2016から、グラフの種類が大幅に増えました。「ツリーマップ」「サンバースト」「ヒストグラム」「パレート図」（「ヒストグラム」オプション内）、「箱ひげ図」「ウォーターフォール」「じょうご」です。

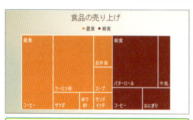

ツリーマップ。階層構造を持ったデータを入れ子になった四角で表示

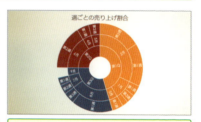

サンバースト図。階層構造を持ったデータを同心円の形で表示

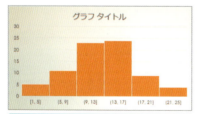

ヒストグラム。いくつかの区間にわかれたデータの分布状況を表示

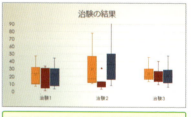

箱ひげ図。データの散らばり具合を表示

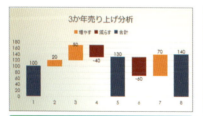

ウォーターフォールグラフ。売上などにおける要因を分析する際に使用

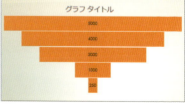

じょうごグラフ。主に工程の段階に応じて、全体に対する割合を表示

No. 144 グラフデザインは スタイル&レイアウトで無数!

グラフのデザインは、「スタイル」と「レイアウト」の掛け合わせで無数にあると言えます。スタイルは色や図形の効果、書式設定の組み合わせで、レイアウトは凡例やデータラベルの位置のことです。

1 グラフを選択
2 [グラフツール]の[デザイン]タブを選択
3 [グラフスタイル]の[その他]をクリック
4 グラフのスタイルを選択
5 [クイックレイアウト]をクリック
6 レイアウトを選択
7 レイアウトが変更され、グラフのタイトルとデータラベルが表示された

No.145 グラフのタイトル付けは忘れちゃならない

グラフのタイトルは付けたほうが断然わかりやすくなります。スライドタイトルで代用もできますが、プレゼンは相手に何かを伝えるためのもの。スライドタイトルには主張を込め、タイトルはグラフの側に置きましょう。

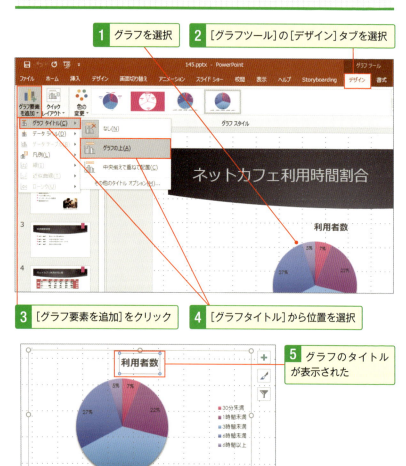

No.146 円グラフの凡例はできるだけデータラベルに

グラフの凡例の位置は、上下左右どこでも可能ですが、円グラフの場合は「データラベル」にして凡例は非表示にしたほうが見やすくなります。棒グラフはその限りではありませんが、いずれにしても凡例の表示方法は検討が必要です。

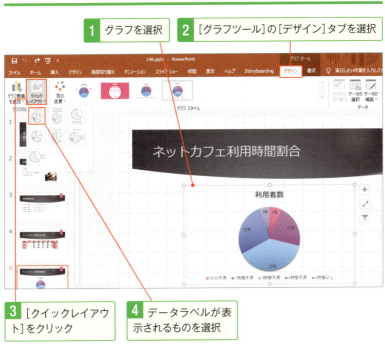

1. グラフを選択
2. [グラフツール]の[デザイン]タブを選択
3. [クイックレイアウト]をクリック
4. データラベルが表示されるものを選択

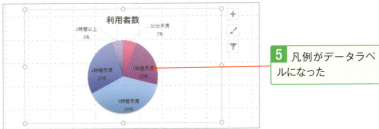

5. 凡例がデータラベルになった

No. 147 グラフの目立たせたい部分は必ず書式変更

グラフの特定の部分を目立たせたい場合は必ず書式変更をしましょう。色を変えるのは視覚化の基本ワザです。棒グラフでは、系列全体を選択する場合は1回クリック、特定の系列のみの場合は2回クリックで選択できます。

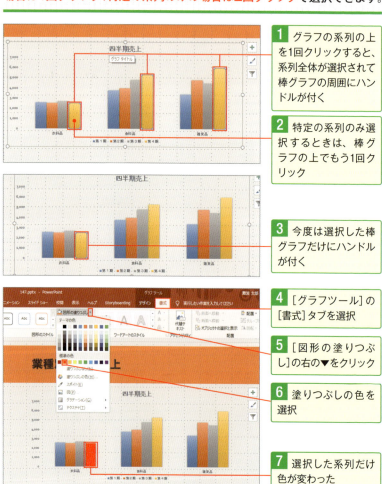

1 グラフの系列の上を1回クリックすると、系列全体が選択されて棒グラフの周囲にハンドルが付く

2 特定の系列のみ選択するときは、棒グラフの上でもう1回クリック

3 今度は選択した棒グラフだけにハンドルが付く

4 [グラフツール]の[書式]タブを選択

5 [図形の塗りつぶし]の右の▼をクリック

6 塗りつぶしの色を選択

7 選択した系列だけ色が変わった

No.148 円グラフの目立たせたい部分は切り離そう

円グラフは通常、要素ごとに違う色を付けるため、特定の要素を目立たせるために色を変えてもあまり目立ちません。そこで、**目立たせたい要素を切り離す**ワザを使いましょう。

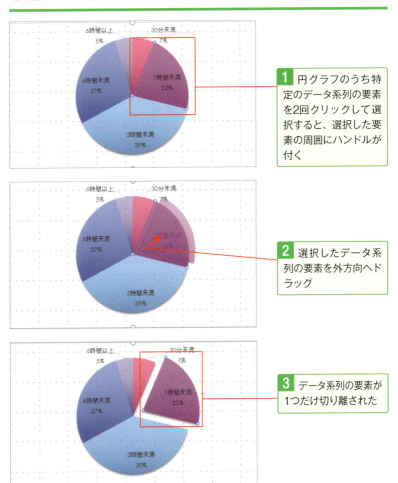

1 円グラフのうち特定のデータ系列の要素を2回クリックして選択すると、選択した要素の周囲にハンドルが付く

2 選択したデータ系列の要素を外方向へドラッグ

3 データ系列の要素が1つだけ切り離された

No. 149 グラフには**ブロック矢印**がセットと覚える

PowerPointではただグラフを作るのではなく、そのグラフで何が言いたいかが重要です。そこで、グラフと「ブロック矢印」はセットと覚えましょう。ブロック矢印内にどんな文言を書き入れるか考えることで、グラフの意味が見えてきます。

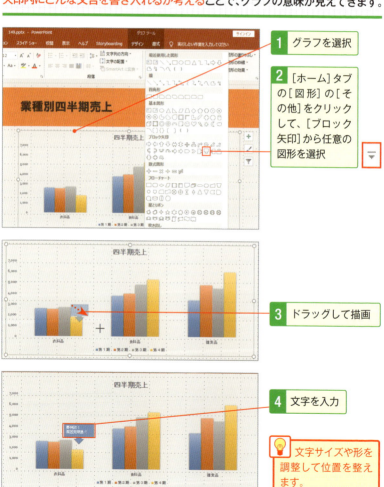

1 グラフを選択

2 [ホーム]タブの[図形]の[その他]をクリックして、[ブロック矢印]から任意の図形を選択

3 ドラッグして描画

4 文字を入力

💡 文字サイズや形を調整して位置を整えます。

No.150 合計も同じグラフに含めるには
複合グラフ

合計付きの表をグラフにすると、合計の棒グラフだけが高くなって、比較しにくいグラフになります。他にも、単位が違うデータや、比較と推移のような意味合いが違う情報を同時に表すには「複合グラフ」を使います。

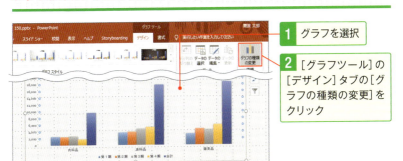

1 グラフを選択

2 [グラフツール]の[デザイン]タブの[グラフの種類の変更]をクリック

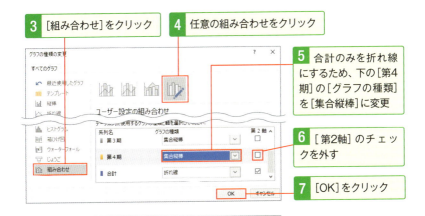

3 [組み合わせ]をクリック

4 任意の組み合わせをクリック

5 合計のみを折れ線にするため、下の[第4期]の[グラフの種類]を[集合縦棒]に変更

6 [第2軸]のチェックを外す

7 [OK]をクリック

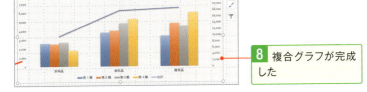

8 複合グラフが完成した

No.151 Excelグラフはそのまま貼り付けOK

Excelで作成したグラフをスライドに挿入できます。挿入したグラフは、PowerPointのテーマに基づいたスタイルになります。編集する場合は、[デザイン]タブにある[データ編集]をクリックすると、Excelが起動します。

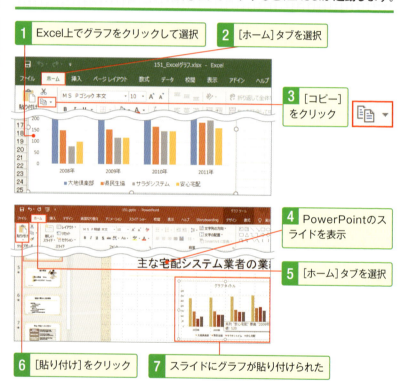

スキルアップ Excelにリンクしないでグラフを埋め込むには

Excelのグラフを貼り付けると、[貼り付けのオプション]が右下に表示されます。クリックして、[貼り付け先のテーマを使用(ブックを埋め込む)]を選択すると、埋め込みデータとしてグラフを貼り付けることができます。この場合は、元のExcelの表やグラフとは切り離されたExcelオブジェクトとして貼り付けられます。

第8章
アニメーションで効果的な「動き」を付ける

アニメーションとは、スライド切り替え時の効果や、文字やグラフが少しずつ表示される動きのことです。やりすぎると格好悪いですが、うまく使うとダイナミックなイメージになるので、よく考えて付けましょう。写真のスライドショーを作る際にはピッタリですね。

No.152 スライドの切り替え時に効果を付けたい

スライドの切り替え時に、さまざまな効果を付けることでプレゼンを演出できます。あまり凝りすぎるのも素人くさいので、[シンプル]の中から選ぶことをオススメします。

1 画面切り替え効果を設定するスライドを選択
2 [画面切り替え]タブを選択
3 [その他]をクリック
4 任意の種類を選択すると、スライド切り替え効果が再生される
5 [スライド]タブのサムネイルには、効果が設定されたことを示す[アニメーションの再生]アイコン★が付く

💡 種類をポイントするだけで、ライブプレビュー機能により切り替え効果をスライド上で確認できます。

↑スキルアップ すべてのスライドに同じ切り替え効果を設定するには

画面切り替え効果が設定されているスライドを選択して、リボンの[画面切り替え]タブにある[すべてに適用]をクリックすると、すべてのスライドに同じ切り替え効果が設定されます。

No.153 スピーチに合わせて箇条書きをレベルごとに表示

箇条書きにアニメーション効果を設定すると、スピーチに合わせて少しずつ表示させることができるので、プレゼンに動きを出すとともに、観客の興味を引けます。段落ごとに表示させるのがいいでしょう。

1 プレースホルダーの外枠をクリック

2 [アニメーション]タブをクリック

3 [アニメーションの追加]をクリック

4 追加する効果を選択

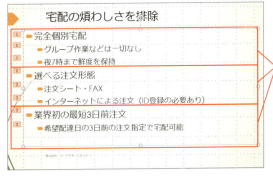

5 段落ごとに表示されるアニメーションが設定された

第8章 152 画面切り替え ― 153 箇条書きのアニメーション

No. 154 棒グラフのアニメーションは全体または項目ごと

前ページで箇条書きのアニメーションを設定しましたが、棒グラフでも同様に少しずつ表示させられます。[効果のオプション]から、項目別、系列別、系列の要素別、項目の要素別など、さまざまな表示方法を選択できます。

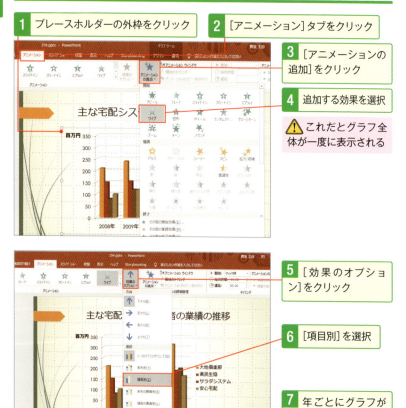

1 プレースホルダーの外枠をクリック
2 [アニメーション]タブをクリック
3 [アニメーションの追加]をクリック
4 追加する効果を選択

⚠ これだとグラフ全体が一度に表示される

5 [効果のオプション]をクリック
6 [項目別]を選択
7 年ごとにグラフが表示される

No. 155 アニメーションの速さや方向を変更するには？

アニメーションが表示される速さを変更するには、[継続時間]ボックスで秒単位で指定します。[効果のオプション]からは、アニメーションの方向などを設定できます。

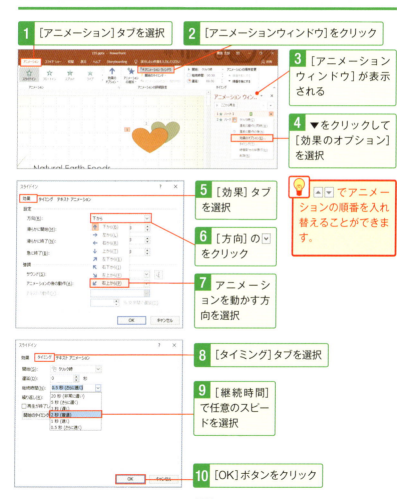

No.156 どんな動き？ アニメーション効果の再生

アニメーションの設定をしたら、必ず再生して確認しましょう。アニメーションのスピードや種類によって、スマートでない印象になってしまう恐れがあります。さりげなく、控えめに設定するとよいでしょう。

1 P.177を参考に［アニメーションウィンドウ］を表示して、［すべて（またはここから）再生］ボタンをクリック

2 画面切り替え効果から始まり、設定されているアニメーション効果がすべて再生される

3 再生時はタイムラインが表示され、どこを再生しているかを確認できる

↑スキルアップ 設定したアニメーション効果を削除するには

［アニメーションウィンドウ］を表示して、削除したいアニメーションの効果を選択し❶、▼をクリックして❷［削除］を選択します❸。これでアニメーション効果が削除されます。

第9章
配布資料も大事!
印刷とその他の機能ワザ

プレゼンで配られる「資料」もPower Pointで作成できます。メモ欄付き、1ページに6枚のスライド、オリジナル文言入りなど、いろいろ用意されているので、雰囲気に合ったものを選びましょう。動画に変換したりPDF変換したりする機能も便利です。

No.157 対面プレゼンにはフルサイズで1スライドずつ印刷

スライドを印刷する際は、対面のプレゼンなら1スライドずつフルページサイズで出しましょう。[ファイル]タブで[印刷]を選択すると印刷プレビューと各種設定項目が表示されます。部数の設定なども行えます。

1 [ファイル]タブを選択

💡 枚数が多くなるので普段はP.181やP.182の方法で印刷しましょう。

2 [印刷]を選択

4 印刷部数を指定

6 [印刷]ボタンをクリックすると、印刷が開始される

3 設定画面で、設定内容を確認

5 [部単位で印刷]設定では、1部ずつ印刷できる

No. 158 配付資料には1ページに複数のスライドを印刷

配付資料としてメモ欄なしで印刷するなら、1ページに6スライドずつ印刷するのが一般的です。用意された設定は、1ページに1、2、3、4、6、9スライドがあります。配付資料をモノクロで印刷したいなら、ここで[カラー]を変更しましょう。

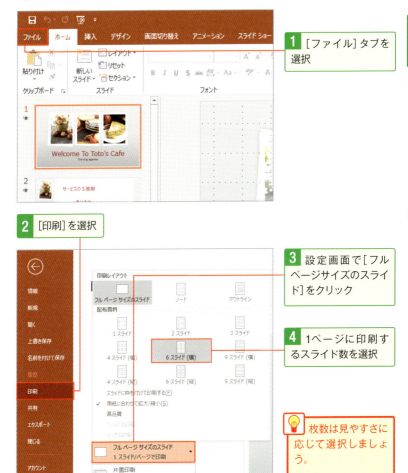

1. [ファイル]タブを選択
2. [印刷]を選択
3. 設定画面で[フルページサイズのスライド]をクリック
4. 1ページに印刷するスライド数を選択

💡 枚数は見やすさに応じて選択しましょう。

No. 159 左に3スライド、右はメモ欄の配付資料の作り方

配付資料として、左側に3スライド、右にはメモ欄として罫線が引かれている形もよく見られます。印刷設定の[配付資料]で[3スライド]を選択しましょう。メモ欄があるのはこの[3スライド]だけです。

1 [ファイル]タブを選択

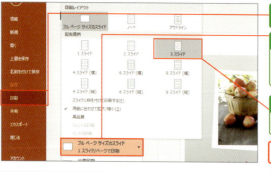

2 [印刷]を選択

3 設定画面で[フルページサイズのスライド]をクリック

4 [配布資料]の中で[3スライド]を選択

💡 スライドが多い場合は両面印刷も効果的です。

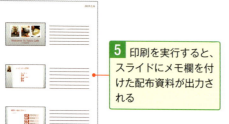

5 印刷を実行すると、スライドにメモ欄を付けた配付資料が出力される

No.160 配布資料に日付やスライド番号を挿入するには？

日付やページ番号は、スライドに入れていなくても、配布資料には入れておいたほうがいいでしょう。[ヘッダーとフッター]ダイアログボックスの[ノートと配布資料]タブでチェックを付ければいいだけです。

1. 前ページ同様に[ファイル]タブを選択
2. [印刷]を選択
3. [ヘッダーとフッターの編集]をクリック
4. [ノートと配布資料]タブを選択
5. ページに追加したい項目にチェックを付ける
6. 任意の文言を入れるには[ヘッダー]か[フッター]に入力
7. [すべてに適用]ボタンをクリック
8. 設定した内容(ここではヘッダー)が表示される

💡 [日付と時刻]を[自動更新]にした場合、ファイルを開いた日の日付が常に表示されます。

No.161 「禁再配布」などのオリジナルの文言を入れたい

配付資料を変更する場合は、配付資料マスターを変更します。ページごとに「禁再配布」などの文言を入れたり、ヘッダーとフッターのテキスト、日付、ページ番号の外観、位置やサイズなどを設定したりもできます。

1 [表示]タブを選択

2 [配布資料マスター]をクリックすると、配布資料マスターが表示される

5 [ホーム]タブをクリック

6 [フォントサイズの拡大]をクリックしてサイズを拡大

3 オリジナルの文言を入力

4 Shiftキーを押しながら各プレースホルダーをクリックしてすべて選択

💡 元の標準表示に戻るには[配布資料マスター]タブにある[マスター表示を閉じる]をクリックします。

No. 162 プレゼンを動画に変換してタブレットで見る

プレゼンを動画（MPEG-4または.wmvファイル）として保存すると、iPadのようなポータブルデバイスで、プレゼンがアニメーションやナレーションを含む動画として再生されます。

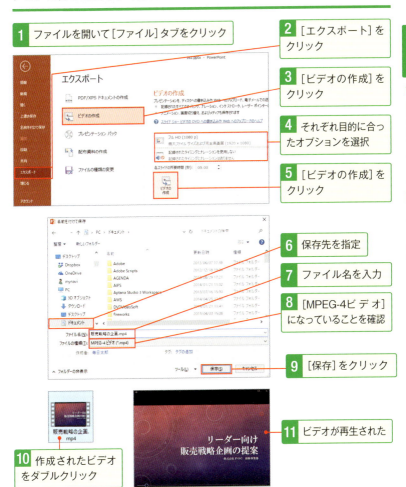

No. 163 間違えて変更されないようにしよう！読み取り専用にして保護する

頑張って作成したスライド。同僚にも確認してもらおうと思い見せていたら同僚が間違えてスライドを変更してしまった！ そんな事態を防ぐために読み取り専用にして保護する設定があります。

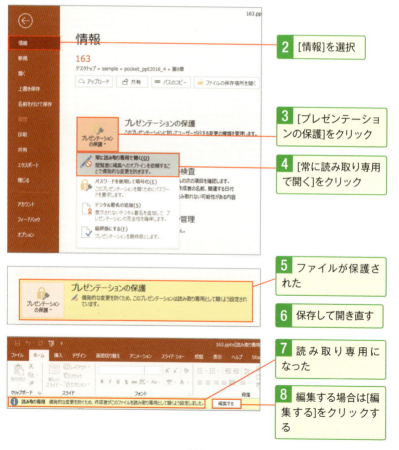

1. P.180を参照して[ファイル]タブを選択
2. [情報]を選択
3. [プレゼンテーションの保護]をクリック
4. [常に読み取り専用で開く]をクリック
5. ファイルが保護された
6. 保存して開き直す
7. 読み取り専用になった
8. 編集する場合は[編集する]をクリックする

No.164 プレゼンをPDF形式で保存するには？

スライドをPDF形式で保存すると、PowerPointを持っていない人でも見られます。それだけではなく、ファイルが勝手に変更されないことも大きな利点ですね。

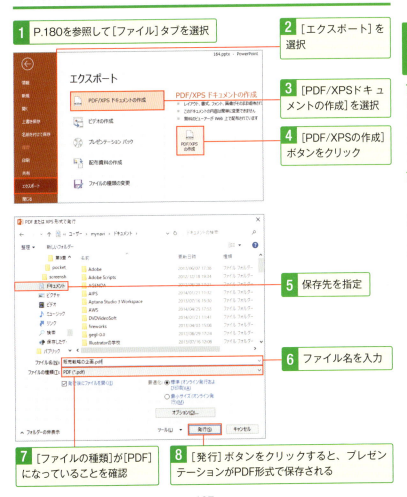

INDEX ◎索引

【数字・英字】

3-D書式	No.096
Excelのグラフの挿入	No.151
Excelの表の挿入	No.139
PDF形式で保存	No.164
SmartArtに画像を挿入	No.103
SmartArtに変換	No.104
SmartArtに文字の入力	No.101
SmartArtのカラースタイルの変更	No.108
SmartArtの図形の追加	No.100
SmartArtのスタイル変更	No.107
SmartArtの挿入	No.099
SmartArtのレイアウトの変更	No.102

【あ行】

アート効果	No.118
アイコン	No.114
アウトラインモード	No.038
アウトラインモードでレベルの変更	No.039
アウトライン入力	No.038
新しいスライド	No.011
アドイン	No.163
アニメーションの再生	No.156
アニメーションの速さ	No.155
アニメーションの方向	No.155
イラスト	No.114
色の抽出	No.091
印刷	No.157
ウォーターフォールグラフ	No.143
円グラフの要素を切り出す	No.148
閲覧表示モード	No.004
オートコレクト	No.034
同じ図形を連続して描く	No.077

【か行】

箇条書き	No.021
箇条書きと段落番号ダイアログボックス	No.025
箇条書きのアニメーション	No.153
箇条書きのレベルの変更	No.021
箇条書きの連番	No.026
箇条書きの連番の開始番号の変更	No.027
画像を挿入	No.115
画面切り替え	No.067, No.152
画面構成	No.001
行間隔の変更	No.029
行頭文字	No.022
行頭記号	No.023
行頭文字のサイズや色の変更	No.025
行頭文字の変更	No.022
均等割り付け	No.019
クイックスタイル	No.090, No.144
クイックレイアウト	No.144
グラフタイトル	No.145
グラフデータの編集	No.141
グラフの系列の変更	No.147
グラフの作成	No.140
グラフの種類の変更	No.142
グラフのスタイルの変更	No.144
グラフの凡例の位置	No.146
グラフのレイアウトの変更	No.145
グリッド線	No.078
クリップアート	No.114
グレースケール	No.046
蛍光ペン	No.074
消しゴム	No.075

【さ行】

削除する領域としてマーク……………No.119
サンバースト……………………………No.143
自動調整オプション……………………No.034
自動プレゼンテーション………………No.069
じょうご…………………………………No.143
ショートカットツールバー……………No.066
書式のコピー/貼り付け …………………No.032
新規作成…………………………………No.007
水平線……………………………………No.076
図形内に縦書き文字……………………No.087
図形内に文字を入力……………………No.086
図形内の文字書式の削除………………No.087
図形内の文字の配置……………………No.087
図形内の文字列の方向…………………No.087
図形に影を付ける………………………No.097
図形にワードアートを設定……………No.113
図形の位置を揃える……………………No.088
図形の移動………………………………No.080
図形の回転………………………………No.082
図形の重なりの順序……………………No.084
図形の形の変更…………………………No.081
図形の結合………………………………No.098
図形のグループ化………………………No.089
図形の効果………………………………No.095
図形のコピー……………………………No.080
図形の削除………………………………No.079
図形の質感………………………………No.096
図形のスタイル…………………………No.095
図形の透過性……………………………No.094
図形の配置……………………… No.083,No.088
図形の反転………………………………No.083
図形の枠線………………………………No.093
図形をグラデーションで塗る…………No.092
図形を中心点から描く…………………No.079
図形を立体的にする……………………No.095
スポイト…………………………………No.091
スライド一覧表示モード……… No.003,No.015

スライド開始番号………………………No.053
スライドショーで
書き込んだ線を消す……………………No.075
スライドショーで前後に切り替え……No.065
スライドショーにペンで書き込む……No.074
スライドショーの実行…………………No.063
スライドショーの実行
(現在のスライドから)…………………No.064
スライドショーの終了…………………No.066
スライドショーの設定
ダイアログボックス……………………No.069
スライドショーの中止…………………No.005
スライドショーの表示時間……………No.068
スライドショーのヘルプ………………No.065
スライドショー表示モード……………No.005
スライドショーを自動的に繰り返す…No.069
スライドにテーマを設定(1枚)………No.044
スライドにテーマを設定(全体) ……No.043
スライドの移動…………………………No.015
スライドの切り替え……………………No.067
スライドのコピー………………………No.016
スライドの再利用………………………No.017
スライドの削除…………………………No.011
スライドの選択…………………………No.008
スライドの追加…………………………No.011
スライドの背景色………………………No.049
スライド番号の位置の変更……………No.054
スライド番号の開始番号の変更………No.053
スライドマスター………………………No.010
スライドマスターの挿入………………No.058
スライドマスターの適用………………No.059
図を挿入…………………………………No.115
セクション………………………………No.042
接合………………………………………No.098
選択したスライドの複製………………No.016
組織図……………………………………No.105
組織図に図形を追加……………………No.106

【た行】

縦書き……………………………No.020
タブ………………………………No.028
段組み……………………………No.035
段落書式をまとめて変更…………No.057
段落番号…………………………No.026
段落番号の種類の変更……………No.026
中心線の表示……………………No.078
調整ハンドル……………………No.081
長方形……………………………No.076
直線………………………………No.076
ツリーマップ……………………No.143
テーマ……………………………No.043
テーマの効果……………………No.047
テーマのバリエーションの変更……No.047
テーマのフォントの変更…………No.048
テキストウィンドウ………………No.101
テキストボックス…………………No.037
テキストを2つのスライドに分割する…No.034
デザインをテンプレートとして保存…No.062
テンプレート……………………No.018

【な行】

二重丸……………………………No.079
ノート表示モード…………………No.006
ノートペイン……………………No.040
ノートペインに書式を付ける………No.041

【は行】

背景色をグラデーションにする……No.050
背景に画像を挿入…………………No.051
背景の削除………………………No.119
背景の書式設定……………………No.051
背景のスタイル……………………No.049
配付資料に番号を印刷……………No.160
配付資料に日付を印刷……………No.160
配付資料の印刷……………………No.158
配付資料のヘッダーとフッター……No.161
配付資料マスター…………………No.161
箱ひげ図…………………………No.143
バリエーション……………………No.045
貼り付けのオプション……………No.139
ヒストグラム……………………No.143
左揃え……………………………No.019
左揃えタブ………………………No.028
ビデオスタイル……………………No.122
ビデオに効果を付ける……………No.122
ビデオに変換……………………No.162
ビデオの挿入……………………No.120
ビデオのトリミング………………No.121
描画モードのロック………………No.077
標準表示モード……………………No.003
表スタイルのオプション…………No.126
表に斜線を引く……………………No.128
表の移動…………………………No.138
表の大きさの変更…………………No.137
表の行の削除……………………No.131
表の行の挿入……………………No.131
表の罫線の追加……………………No.127
表の罫線を消す……………………No.129
表のコピー………………………No.138
表の削除…………………………No.124
表のスタイル……………………No.125
表の線の種類……………………No.133
表のセル内の文字配置……………No.135
表のセル内の文字を縦書きにする……No.136
表のセルの結合……………………No.132
表のセルの塗りつぶし……………No.134
表のセルの分割……………………No.132
表の挿入…………………………No.123
表のタイトル行の強調……………No.126
表の列の削除……………………No.131
表の列の挿入……………………No.131
表の列幅を均等にする……………No.130
表の列幅を変更……………………No.130

表を自由な位置に挿入……………………No.124
フォントサイズの変更……………………No.030
フォントダイアログボックス……………No.033
複数のスライドを印刷……………………No.158
複合グラフ…………………………………No.150
フッター……………………………………No.052
フッターの位置の変更……………………No.054
プレースホルダー…………………………No.009
プレースホルダーの位置の変更…………No.036
プレースホルダーの削除…………………No.036
プレースホルダーの自動調整……………No.024
ブロック矢印………………………………No.149
ヘッダーとフッター………………………No.052
ペン…………………………………………No.074
ペンのスタイル……………………………No.133
ポインターオプション……………………No.074
棒グラフのアニメーション………………No.154
保存する領域としてマーク………………No.119

【ま行】

マスターの作成……………………………No.058
マスターの表示……………………………No.010
メモ欄を付けて印刷………………………No.159
目的別スライドショーが
標準で実行される…………………………No.072
目的別スライドショーの作成……………No.070
目的別スライドショーの実行……………No.072
目的別スライドショーの編集……………No.071
文字位置を揃える…………………………No.028
文字効果……………………………………No.112
文字書式のコピー…………………………No.032
文字書式の変更（すべて）………………No.030
文字書式の変更（一部）…………………No.031
文字に書式をまとめて設定………………No.033
文字の配置の変更…………………………No.019
文字を自由に入力…………………………No.037
モノクロ……………………………………No.046

【や行】

ユーザー設定レイアウト…………………No.061
読み取り専用………………………………No.163

【ら行】

リセット……………………………………No.014
リハーサル…………………………………No.068
両端揃え……………………………………No.019
ルーラー……………………………………No.028
レイアウトの挿入…………………………No.060
レイアウトの適用…………………………No.061
レイアウトの変更…………………………No.013
レイアウト名の変更………………………No.061
レイアウトを新しく追加…………………No.060
レイアウトを選ぶ…………………………No.012
レイアウトを元に戻す……………………No.014
レーザーポインター………………………No.073
ロゴマークの挿入…………………………No.055
ロゴマークを非表示にする………………No.056

【わ行】

ワードアートの移動………………………No.109
ワードアートの大きさの変更……………No.110
ワードアートのクイックスタイル………No.111
ワードアートのスタイルの変更…………No.111
ワードアートの挿入………………………No.109
ワードアートの変形………………………No.112
ワイヤーフレーム…………………………No.096
枠線に合わせて文字を配置………………No.113
画像の色の変更……………………………No.117
画像のスタイルの変更……………………No.116
画像のトリミング…………………………No.115
画像の余白を透明にする…………………No.117
画像の枠線の色……………………………No.116

【問い合わせ】
本書の内容に関する質問は、下記のメールアドレスおよびファクス番号まで、書籍名を明記のうえ書面にてお送りください。電話によるご質問には一切お答えできません。また、本書の内容以外についてのご質問についてもお答えすることができませんので、あらかじめご了承ください。なお、質問への回答期限は本書発行日より2年間（2021年4月まで）とさせていただきます。

メールアドレス：pc-books@mynavi.jp
ファクス：03-3556-2742

【ダウンロード】
本書のサンプルデータを弊社サイトからダウンロードできます。下記のサイトより、本書のサポートページにアクセスしてください。また、ダウンロードに関する注意点は、本書3ページおよびサイトをご覧ください。

https://book.mynavi.jp/supportsite/detail/9784839968571.html

ご注意：上記URLはブラウザのアドレスバーに入れてください。GoogleやYahoo!では検索できませんのでご注意ください。サンプルデータは本書の学習用として提供しているものです。それ以外の目的で使用すること、特に個人使用・営利目的に関らず二次配布は固く禁じます。また、著作権等の都合により提供を行っていないデータもございます。

速効! ポケットマニュアル
PowerPoint 基本ワザ & 仕事ワザ
2019 & 2016 & 2013

2019年4月25日　初版第1刷発行

著者 …………………… 速効！ポケットマニュアル編集部
発行者 ………………… 滝口直樹
発行所 ………………… 株式会社マイナビ出版
　　　　　　　　　　　〒101-0003　東京都千代田区一ツ橋2-6-3　一ツ橋ビル2F
　　　　　　　　　　　TEL 0480-38-6872（注文専用ダイヤル）
　　　　　　　　　　　TEL 03-3556-2731（販売部）
　　　　　　　　　　　TEL 03-3556-2736（編集部）
　　　　　　　　　　　URL：https://book.mynavi.jp

装丁・本文デザイン… 納谷祐史
イラスト ……………… ショーン＝ショーノ
DTP …………………… 大西恭子
印刷・製本 …………… シナノ印刷株式会社

©2019 Mynavi Publishing Corporation, Printed in Japan
ISBN978-4-8399-6857-1
定価は裏表紙に記載してあります。
乱丁・落丁本はお取り替えいたします。
乱丁・落丁についてのお問い合わせは「TEL0480-38-6872（注文専用ダイヤル）、電子メール：sas@mynavi.jp」までお願いいたします。
本書は著作権法上の保護を受けています。
本書の一部あるいは全部について、著者、発行者の許諾を得ずに、無断で複写、複製することは禁じられています。
本書中に登場する会社名や商品名は一般に各社の商標または登録商標です。